Webアプリ開発の定番構成
Backbone.js ＋ CoffeeScript ＋ Grunt を1冊で習得！

JavaScript エンジニア養成読本

JavaScript Engineer

JavaScriptはいまや、Web開発者からデザイナー、ディレクターまで、Web系の仕事に携わるための必須言語になりました。クライアント側・サーバ側のWebアプリケーション開発はもとより、ブラウザの拡張やOfficeアプリのマクロ言語まで、適用範囲も圧倒的に広い言語となっています。本書では、JavaScriptによる開発にこれから携わろうという読者に向けて、JavaScriptによる開発の全体像を俯瞰したあと、Webアプリケーション開発の定番構成ともいえるBackbone.js、CoffeeScript、Gruntを題材に、JavaScript開発でもっとも重要な3つの知識、「MVCフレームワーク」「AltJS」「タスクランナー」の基礎をわかりやすく解説します。

JN237478

技術評論社

JavaScript エンジニア養成読本
JavaScript Engineer

CONTENTS

⚠ 本書はすべて、書き下ろし記事で構成しています。

🏃 巻頭特集

10分でわかる最新動向と歴史
JavaScriptによる開発の現場
吾郷 協 …… 1

1. 本書の対象読者と前提知識
   JavaScriptを書こう！ …… 2
2. Ajax／HTML5／ECMAScript 5
   JavaScriptの歴史 …… 3
3. より広範囲に多様化する利用シーン
   JavaScriptはどこで使われているか …… 5
4. MVCフレームワーク／AltJS／タスクランナー
   現場で必要なJavaScriptの知識 …… 7
5. これだけは押さえておきたい
   JavaScript開発に必須のツール …… 8

🏃 特集1

複雑化するコードを構造化！
Backbone.jsで学ぶ MVCフレームワーク[実践]入門
山田 順久 …… 13

1. jQueryによる開発を構造化するBackbone.js
   クライアントサイドフレームワークが必要な理由 …… 14
2. Backbone.Modelによるモデルの定義、属性値の設定／取得／検証、イベント処理
   モデル実装入門 …… 18
3. Backbone.Collectionによるコレクションの定義、モデルの追加／削除、イベント処理
   複数モデルの管理と永続化のしくみ …… 25
4. Backbone.Viewによるモデルデータの表示、elプロパティ、DOMイベント
   ビュー、コントローラの実装 …… 31
5. ページを遷移させずに処理を切り替える方法
   URLと処理を紐付けるルーティングの基本 …… 38

コラム	AngularJSとBackbone.jsどちらを使うのがよい？	40
6	メモ帳アプリケーションの作成① [実践編] モデルを定義し、メモの一覧を表示する	43
7	メモ帳アプリケーションの作成② [実践編] メモの新規作成、削除、編集を行う	50
8	メモ帳アプリケーションの作成③ [実践編] 検索機能を追加する	59

特集2

高品質なアプリケーション開発を実現

[シングルページ時代の大規模開発を支えるAltJS] CoffeeScript入門　竹馬 光太郎　65

1	基本機能の紹介と開発環境の準備 **CoffeeScript ファーストステップ**	66
2	簡易な文法と一貫したコーディングスタイルを理解しよう **CoffeeScript 文法入門**	72
3	CoffeeScriptでわかりやすいコードを書くために **実践デザインパターン**	90
4	便利なツールと代表的なディレクトリ構造 **開発環境の整理**	97
APPENDIX	そもそもなぜAltJSが普及したのか **最適な AltJS の選び方 [TypeScript vs. CoffeeScript]**	101

特集3

開発効率化の必須アイテム

[開発現場を支えるタスクランナー] Grunt活用入門　和智 大二郎　105

1	Gruntが選ばれる理由 **開発の「作業」に欠かせないタスクランナー入門**	106
2	Gruntを使ってみよう **環境構築とタスクの記述**	108
3	CoffeeScript／ファイル結合／構文チェック／圧縮 **Grunt プラグインの活用**	113
4	Gruntfile.jsを書いてみよう **ケーススタディで学ぶタスクの追加と実行**	121
APPENDIX	新生、gulp.jsを選ぶべき場面 **注目のタスクランナー gulp.js**	129

著者プロフィール

吾郷 協（あごう きょう）

巻頭特集を執筆。
Perlを使ったサーバサイド開発から始まり、Windows向け業務アプリなどの経験を経て現在ではJavaScriptを使ったブラウザ上の開発を主に行っている。jQueryに関する記事の執筆からコミュニティ活動に関わり、LTを中心としたイベントでの発表やGitHub上でのアプリの開発を行う。

山田 順久（やまだ ゆきひさ）

特集1を執筆。
Web制作会社などでHTML、CSS、JavaScriptエンジニアとして大手企業Webサイトの運用に携わりながら経験を積んだ後、株式会社ピクセルグリッドに入社。業務としてはWebアプリケーションのフロントエンド設計や実装を行うほか、同社が運営するフロントエンド関連の技術情報有料配信サービス「CodeGrid」向けに記事執筆を行っている。

竹馬 光太郎（ちくば こうたろう）

特集2を執筆。
学生時代のネットウォッチの趣味が高じてエンジニアに。ゲーム会社でUnityからHTML5のシングルページアプリケーションへの移植などを担当し、2013年からQuipper, Ltd.でタブレット上で動く教育用アプリの開発等を担当する。パフォーマンスと複雑性を両立したフロントエンド開発が専門。2014年10月からIncrements Inc.でQiitaのフロントエンドを担当。

和智 大二郎（わち だいじろう）

特集3を執筆。
2013年に大手ソーシャルゲームの会社に新卒として入社。1年間ゲームプラットフォームのユーザー獲得チームにエンジニアとして従事。その後、プラットフォームのデザインチームへ異動。プラットフォーム全体で利用するCSSフレームワークの設計、実装などを行っている。

巻頭特集

10分でわかる最新動向と歴史
JavaScriptによる開発の現場

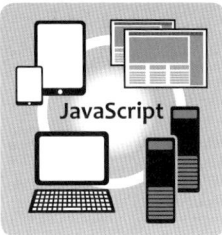

本特集では、今、JavaScriptによる開発現場がどのようになっているかを知るために、JavaScriptの歴史を振り返りつつ、現在どのような場所で利用されているか、現場ではどのような技術や知識を要求されるかを説明します。また、開発現場に必須のツールを紹介し、その中でもブラウザの開発者ツールの簡単な使い方を解説します。

吾郷 協　AGO Kyo　Twitter：@kyo_ago

第1章　JavaScriptを書こう!
本書の対象読者と前提知識

第2章　JavaScriptの歴史
Ajax／HTML5／ECMAScript 5

第3章　JavaScriptはどこで使われているか
より広範囲に多様化する利用シーン

第4章　現場で必要なJavaScriptの知識
MVCフレームワーク／AltJS／タスクランナー

第5章　JavaScript開発に必須のツール
これだけは押さえておきたい

第1章 JavaScriptを書こう！
本書の対象読者と前提知識

本章では、本書の意図、対象読者、前提知識について説明します。

はじめに

本書を手に取ったということは、あなたは「これからJavaScriptを書きたい」「もっとうまくJavaScriptを書けるようになりたい」と思っている方だと思います。

JavaScriptはこれまで主にブラウザ上で使用されていましたが、近年Node.jsやV8などの普及に伴って非常に発展しており、さまざまな分野で使用されるようになってきています。

しかし、JavaScriptの世界は非常に移り変わりが早く、常に最新情報を追いかけていくのはたいへんです。

そこで本書では各特集で高度な専門知識を持ったメンバーが、JavaScriptエンジニアとしてこれから現場で「即戦力」として活躍するために身につけておきたい各種スキル、効率的に開発をしていくうえで必要なツールの解説を行います。

対象読者

本書は次の方を対象にしています。

- 複数人で開発するスキルも身につけたい
- 新しく仕事でJavaScriptを使うことになるので、基本的な開発フローについて知っておきたい
- jQueryを使って動きを変えることはできるけど、最初からJavaScriptを書いたことがない
- JavaScriptを書くことはできるけど、自分のやり方が効率的か不安
- 複数ページから使われるJavaScriptをどう書いてよいかわからない

前提知識

本書は『JavaScriptエンジニア養成読本』と題していますが、JavaScriptの基本的な文法については解説しません。

というのも、JavaScriptの基本的な文法については他に良著が出ているのと、扱うべき内容が大きくなりすぎるためです。

とはいえ、JavaScriptの深い知識は必要ありません。jQueryでページを装飾できるのであれば活用できると思います。

本書の構成

特集ごとに、現在JavaScriptによるソフトウェア開発に携わるうえで欠かすことのできないMVCフレームワーク、AltJS、タスクランナーという3つのツールをテーマに、それらのツールが開発された背景などを含めて説明します。

紹介するツールはすでにJavaScriptによる開発の現場で広く使われていますが、これらのツールを使えるようになることでこれから登場する新しいツールへの移行も容易になると考えています。

各特集は基本的に独立しているため、現在興味がある特集だけを個別に読むことができます。

第2章 JavaScriptの歴史
Ajax／HTML5／ECMAScript 5

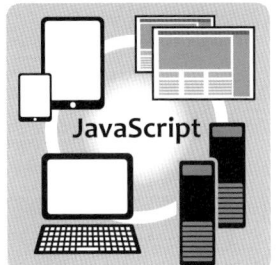

本章では、JavaScriptの歴史について簡単におさらいしたいと思います。

はじめに

JavaScriptはもともとNetscape Navigatorに実装された、HTMLに動きを持たせるためのプログラミング言語でした。

当初はLiveScriptという名前でしたが、当時流行していたプログラム言語Javaに似せるためにJavaScriptという名前になりました。

現在ではブラウザの高速化、高機能化競争に伴い、ブラウザ上で動作するアプリケーションの記述言語として重要性が高くなってきています。

Ajax

JavaScriptの発展を語るうえで外せないのがAjaxという用語です。

もともとは「Asynchronous JAvascript + Xml」の略称でしたが、その後サーバと非同期で通信し、画面遷移なしに画面を書き換える技術の総称となりました。

Ajaxは、2005年2月18日にJesse James Garrett氏により名付けられましたが、その後Googleなどが大々的にサービスに利用したため、注目されるようになりました。

■図1　Googleマップ

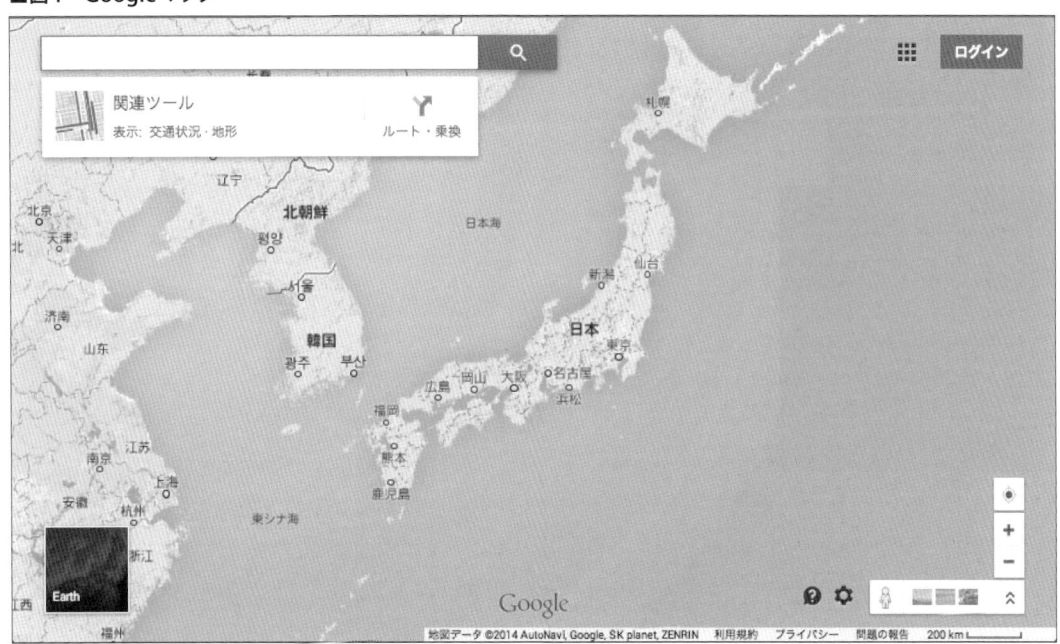

Ajaxが使われている著名なサイトにはGoogleマップなどがあります（**図1**）。Ajaxは、すでに現在のWeb開発では欠かすことができない存在となっており、まったく使用していないサイトを探すほうが難しい状態となっています。

ブラウザ上でWebアプリケーションを開発する場合、アプリケーションのロジックはJavaScriptで記述します。しかし、画面への表示やブラウザの機能を使う場合にはHTMLを使用するため、JavaScriptを使用する場合でもHTMLに対する知識は非常に重要になります。

HTML5

最近話題になっている用語に**HTML5**があります。これはHTML（HyperText Markup Language）に対する5回目の大幅な改修です。文書構造をベースにしていたこれまでのHTMLに対して、アプリケーションを開発するための仕様を盛り込んだことにより、Webアプリケーション開発の基盤技術として大きく進化しました。

HTMLはあくまでも文書構造のマークアップを行うための言語を指しますが、HTML5は、多くはストレージ、位置情報、端末の向き、WebSocket、動画、音楽の再生なども含めた仕様を指します[注1]。

注1）分類を明確にするため、HTML5のマークアップ言語部分以外を指して「広義のHTML5」、「HTML5関連技術」といった呼び方をする場合もあります。

ECMAScript 5

JavaScriptは正確には、「ECMAScriptとして標準化されたスクリプト言語」のことを指します。ECMAScriptにもHTML5と同じようにバージョンが振られており、現在広く普及しているバージョンは**ECMAScript 5**として標準化されています。

ECMAScript 5以降も標準化は続けられており、次のバージョンはECMAScript 6[注2]が予定されています。

注2）ECMAScript Harmony、ES.nextとも呼ばれます。

Column

JavaScriptの互換性

みなさんは「ブラウザ依存」という言葉を聞いたことはあるでしょうか。

これは「あるブラウザ上では正しく動くのに、別のブラウザでは正しく動かない」というコードを指します。

JavaScriptは昔、ブラウザを開発している各社の機能拡張競争から意図的に非互換性を組み込まれ、長く複数種類のブラウザ上で動くコードを書くのが困難な状態が続いていました。しかし、最近ではブラウザの開発元が連携して互換性を担保する方向に進んでおり、JavaScript自体の互換性に関してはかなり改善が進んでいます。

ただ、JavaScriptから呼び出せるAPIの実装状況やCSSでの表示結果などはブラウザの実装に依存する状況が続いており、まだ「一度書けばどこでも動く」という状況は実現していません。

Column

最新技術を追うために

実際には、本書で紹介する内容は日進月歩なJavaScriptの世界では最新技術というわけではなく、むしろ「枯れた」と言われることが多い技術に属します。

しかし、だからこそ実際の現場では現役で使用されることも多く、読者が新たな現場で「既存コードの引き継ぎ」を受けた場合などに役に立つと考えています。

また、登場してから時間が経ったツールが中心になるため、資料として長く使えることも期待しています。

もちろん、単純に「枯れた」ツールに関して解説しているのではなく、適時最新情報へのポインタも紹介します。

最新情報に興味がある方は併せて紹介するツールに関しても調べてみてください。

第3章 JavaScriptはどこで使われているか

より広範囲に多様化する利用シーン

JavaScriptは言語としての発展に伴い、使える場所も増えてきました。本章では、JavaScriptが動作するさまざまな環境について紹介します

ブラウザ

まず、古くからJavaScriptが使える場所としてブラウザ上のHTMLがあります。JavaScriptの開発と言えば、まずこれを思いつく人も多いと思います。

最近ではPC上だけでなく、スマートフォン上のブラウザで動作するアプリケーションを構築するためにも使用されています。

また、ブラウザに近い場所として、ネイティブアプリ内に埋め込まれたブラウザ(WebViewなどと呼ばれる)もあります。

サーバサイド

最近ではNode.jsの登場により、JavaScriptをサーバサイドで使用する例も増えてきています。

実はサーバサイドJavaScript自体は、かなり初期からさまざまな形で存在はしていました。しかし、JavaScript自体がブラウザ上の簡易言語とみなされていたこともあり、使用されるのはごく一部の環境においてのみでした。

それがNode.jsが登場するあたりから状況が大きく変わります。

それまでと違い、JavaScriptで他の言語と同じレベルの表現を行えるノウハウが蓄積されてきたこと、JavaScriptの言語仕様が安全かつ高速なプログラミングを行えるアーキテクチャを実現するのに向いていたこと、Google Chromeの実行エンジンであるV8を使用したことなどから支持を受け、最近ではNode.jsを使用したサーバサイドJavaScriptは一般的な選択肢となっています。

スマートフォン

スマートフォンのブラウザ上で動くことはもちろんですが、Unity[注1]やTitanium Mobile[注2]などを利用して、JavaScriptを使ってスマートフォン向けのネイティブアプリを記述することもできます。

また、PhoneGap(Cordova)やMonaca[注3]などを使うことにより、HTMLで画面表示を行いつつネイティブアプリを開発し、ストアで販売することもできます。

組込み機器

現在JavaScriptは、PCやスマートフォンの領域を超えて、テレビや自動車のUIへと普及してきています。

もちろんテレビや自動車の内部を直接操作するわけではありませんが、リモコンの操作を受けて画面を操作する、カーナビの操作を受けて地図や音楽を流すといったところで使用されるようになってきています。

注1) 複数のプラットフォーム、言語に対応した、ゲームの開発環境。
注2) JavaScriptに対応した、iPhone/Androidアプリの開発環境。
注3) どちらもJavaScriptに対応した、iPhone/Androidアプリ開発のフレームワーク。MonacaはWindows 8にも対応しています。

デザインツール

Adobe製のPhotoshop、Illustrator、Dream Weaverなどのツールで使用する拡張機能は、JavaScriptを使って記述することができます。

内部で提供されるAPIにアクセスすることにより、画像の生成や変形、文字の挿入などを自動化することができます。

オフィスツール

SpreadsheetやDocumentなどのGoogle Docsは、JavaScriptを使ってマクロを組むことができます。

また、Microsoft Officeもバージョン2013からJavaScriptによる機能拡張をサポートしています。

ブラウザアプリ

Google Chrome上で動くChrome Apps、Firefox OS用のFirefox OSアプリなどは、HTMLやCSS、JavaScriptを使って開発します。

逆にこれらのアプリはJavaScriptなどのブラウザ上で動作する技術を使って開発するため、ブラウザ上では動作しないプログラミング言語や技術などは開発に使用できません。

OSアプリ

Windows 8のストアアプリは、JavaScriptで開発できます。

また、Mac OS X Dashboardウィジェットは、JavaScriptを使って開発します。

ブラウザ拡張

FirefoxやChrome、Safariなどのブラウザの機能を拡張するために、ユーザがJavaScriptを使って機能を追加できます。

また、ブラウザの機能拡張ほどの自由度はありませんが、表示されているWebサイトにユーザ独自のJavaScriptコードを追加するUserScriptと呼ばれる簡易的な拡張も広く使われています。

その他

OSの環境設定、テキストエディタなどのアプリケーションの拡張でも使用されることが多く、JavaScriptを使える場所はどんどん増えてきています。

Column

プログラミング言語がわかればアプリケーションが作れる？

ここまで紹介したとおり、近年JavaScriptはさまざまな場所で使われるようになってきました。

では、JavaScriptがわかればこれらの環境でアプリケーションを作れるのでしょうか。

残念ながら答えは「No」と言わざるを得ません。なぜならプログラミング言語はアプリケーション構築のための1つの要素にすぎず、実際にアプリケーションを構築するためには他にもさまざまな要素が必要となるからです。

たとえば、ファイルに対するアクセスの仕方や、処理結果を表示する方法、ネットワークアクセスや使用できるライブラリ、APIなどは基本的に、ここで紹介したそれぞれの環境ごとに異なり、それぞれの互換性はありません。

とはいえ、プログラミング言語はアプリケーション構築のための重要な要素ではあります。単純に比較するなら、まったく違う言語を使う環境に比べて、これまで使用したことのあるプログラミング言語を使用する環境のほうが、容易にアプリケーションを構築できることは確かでしょう。

第4章 現場で必要なJavaScriptの知識

MVCフレームワーク／AltJS／タスクランナー

本章では、昨今の開発現場では必須とも言えるJavaScriptの知識について紹介します。
いずれも、JavaScriptによる開発においてさまざまな現場で使える技術です。なぜこれらの技術が現場で重要なのかについては、それぞれの特集で詳しく説明します。

MVCフレームワーク

まず最初に、JavaScriptのMVCフレームワークに関して解説します。

MVCとは、「Model」「View」「Controller」の頭文字を取ったもので、プロジェクト全体のコードをそれぞれモデル、ビュー、コントローラという役割に割り当てて見通しを良くするための開発手法です。

JavaScriptのMVCフレームワークとして代表的なものにBackbone.jsがあります。

Backbone.js

Backbone.jsは2010年から開発されており、JavaScriptのMVCフレームワークとしては古い部類になります。

アーキテクチャはシンプルで拡張性が高く、2014年現在でも更新されていることから、いまだに根強い人気を誇ります。

本書では特集1でBackbone.jsの使い方について紹介します。

AltJS

次はAltJSです。AltJSとはJavaScriptに変換できる言語で、JavaScriptの言語仕様上の問題点を解決することを目的としています。

AltJSとして人気を博した、ユーザ数も多いプロダクトがCoffeeScriptです。

CoffeeScript

CoffeeScriptは、2009年から開発が始まったプロジェクトで、AltJSブームの火付け役となりました。

更新は2014年現在でも続けられており、その知名度からAltJSの代名詞にもなっています。

本書の特集2でCoffeeScriptについて言語仕様から便利なヒントまで紹介します。

タスクランナー

JavaScript開発で欠かすことができない、3つ目のツールは、**タスクランナー**です。

タスクランナーとは、分割されたJavaScriptファイルの結合、CoffeeScriptなどAltJSでのコンパイル、転送量を削減するためのJavaScriptファイルの圧縮などの各種コマンドを実行するために使用します。

本書ではタスクランナーとして代表的な、JavaScript製のGruntを紹介します。

Grunt

Gruntは2011年から開発が始まったタスクランナーで、現在も活発に開発が行われています。

本書の最後、特集3ではGruntに関して基本的な設定方法から現場でそのまま使えるサンプルまで紹介します。

第5章 JavaScript開発に必須のツール

これだけは押さえておきたい

本章では、実際にJavaScriptでプログラムを開発するうえで重要なツールに関して紹介します。

はじめに

基本的にブラウザ上で動くJavaScriptプログラムは、ブラウザとエディタのみがあれば開発できるため、WindowsやMac OSの場合はOSに最初から入っているツールのみで開発が可能です。しかし、本格的な開発では、次に紹介するようなツールを使うことが一般的です。

ブラウザ

ブラウザ上で動くJavaScriptプログラムを実装する場合、最低限ブラウザが必要になります。OS標準で搭載されている場合もありますが、動作確認のためにも複数のブラウザをインストールしておくことも一般的です。

ここでは実際に開発を行う際に使用するPC上のブラウザと、最近特に需要があるスマートフォン上のブラウザの両方を紹介します。

Chrome

Googleが開発している、速度を重視したブラウザです。

JavaScriptで簡単に拡張を作成できることと、開発者ツールの使いやすさから開発者にも人気が高く、開発時の標準ブラウザに選ばれることも多くあります。

ブラウザとしての動作が比較的近いことから、iOS、Androidでの開発時に検証用ブラウザとして使用することもよくあります。

開発ツールの進化も早く、新しい開発ツールを使うためにあえて開発版バージョンを使用することもあります。

Firefox

非営利団体であるMozillaが開発するブラウザです。

JavaScriptの開発史を語るうえで外すことができない開発ツール、Firebugが搭載されたブラウザであり、いまだに開発用ブラウザとして根強い人気を誇ります。

これまでFirefoxでは、ブラウザの拡張であるFirebugが事実上の開発ツールになっていましたが、最近ではFirefox自体の開発ツールも搭載されるようになりました。

Internet Explorer

Windowsに標準搭載されているブラウザです。

Internet Explorer 6などの古いバージョンは互換性などの問題が多くありましたが、最近のバージョンでは標準への準拠度も高く、動作も高速化されています。

Internet Explorerに標準搭載されているF12開発者ツールは、他のブラウザに搭載されている開発者ツールに比べて機能が豊富なわけではありませんが、Microsoftが開発するIDEであるVisual Studioと連携することにより開発用ブラウザとしても十分耐え得る機能を持っています。

Safari

Mac OSおよびiOSに標準搭載されているブラウザです。

特にiOSはSafari以外のブラウザコンポーネントが認められていないため、iOSのブラウザで動作するJavaScriptを構築する場合、Safariの挙動に合わせてコードを書く必要があります。

Mac OS上のSafariに関しては、Mac OSとiOS機器をUSBで接続することで、iOS機器上のSafariをリモートデバッグできるという特徴があります。

Androidブラウザ

Androidに標準搭載されているブラウザです。

Android 4以降はChromeも搭載されていますが、依然としてAndroidブラウザも搭載されており、Android上のブラウザで動作するアプリケーションを構築する場合、両方の検証を行うのが一般的です。

Androidを開発するGoogleは、Androidの標準ブラウザをChromeに置き換える方向に向かっており、Android 4.4以降はアプリ内で使用するWebViewも含めてAndroidブラウザは搭載されなくなっています。

エディタ

JavaScriptプログラムを開発するうえで、ブラウザの他に最低限もう1つ必要になるのがエディタです。

エディタに関しては、OS、チーム構成、個人の好み、兼務する職種などによっても評価が分かれるため、参考程度にご覧ください。

Sublime Text

Mac OSでの開発で人気のあるエディタです。

- Sublime Text URL http://www.sublimetext.com/

細かい設定なしでも標準で使いやすいうえに、変更したい点がある場合でも設定項目が豊富なため、エンジニアに広く支持されています。

Sublime Textは標準でJavaScriptの編集モードを備えていますが、他にもプラグインを使うことでさまざまな動作を追加することができます。

Windowsもサポートされていますが、Mac OSで特に使用されています。

Sublime Text自体は有償のアプリケーションですが、Sublime Text 2は機能制限なし、無期限で試用することが可能です。

Mery

Windows上で動作するテキストエディタです。

- MeryWiki URL http://www.haijin-boys.com/wiki/メインページ

2008年から開発されており、2014年に入ってからも継続的に開発が続けられています。

標準でJavaScriptモードを持ち、Windowsの標準的な動作に近い動きを保ちつつ豊富な機能を実装しています。

Meryは無料で使用できます。

WebStorm

Jetbrains社が開発している有償のIDEです。

- WebStorm URL http://www.jetbrains.com/webstorm/

Mac OS、Windows、Linuxで動作し、JavaScriptの動的補完や各種AltJSの自動コンパイル、HTML、CSSの補完など豊富な機能を搭載しています。

企業向けのCommercial Licenseが99ドル、個人向けのPersonal Licenseが49ドルで提供されています。JavaScriptエンジニアの中でも愛用者が多いIDEです。

Visual Studio

Microsoftが開発している、Windows上で動作

するIDEです。

- Microsoft Visual Studio Express URL http://www.microsoft.com/ja-jp/dev/express/

Visual StudioはWindows上でしか動作しませんが、JavaScriptの動的補完などブラウザ上で動作するアプリケーションを書くうえで優れた機能を備えています。

無料のVisual Studio Express Editionも提供されており、費用をかけずに優れた開発環境を利用できます。

また、AltJSの一種であるTypeScriptを開発する際には特に優れた開発環境として話題になっています。

デバッグツールの使い方

JavaScriptに限らず、プログラミングをするうえで避けて通れないのがデバッグです。

ここではChromeに搭載されているデベロッパーツールをベースにデバッグツールの使い方を紹介します。

起動方法

Chromeのデベロッパーツールは主に2種類の起動方法があります。右クリック（コンテキストメニュー）から［要素の検証］を選択する方法（図1）と、Chromeメニューから［ツール］→［デベロッパーツール］を選択する方法（図2）です。

[Sources]パネル

JavaScriptのデバッグには、主にデベロッパーツールの［Sources］パネル（図3）を使用します。

［Sources］パネルにはそのサイトで読み込んでいるJavaScriptファイルが表示されます。そのファイルの中から自分がデバッグしたいJavaScriptファイルを選択します。

コンソールの表示

まず最初にコンソール機能を紹介します。

まず、［Show drawer］ボタンを押して画面下部にコンソールを表示しましょう（図4）。

コンソールでは、その場でJavaScriptのコードを入力して実行してくれるほか、console.logを呼び出した引数の値などを表示します。

> **Column**
>
> ### Vim/Emacs
>
> プログラマ向けのエディタと言えば、Vim/Emacsを思い浮かべる方もいると思いますが、今回はあえて取り上げませんでした。
>
> もちろん、Vim/EmacsでもJavaScriptの開発環境を用意することは可能ですが、これから新しくエディタを選ぶ方には、Vim/Emacs以外のエディタのほうがよいと判断したからです。
>
> 当然JavaScriptエンジニアの中でもVim/Emacsは人気のエディタに入っているので、Vim/Emacsを使っている方はぜひそのまま使い続けてください。

■図1　右クリックして［要素の検証］を選択する

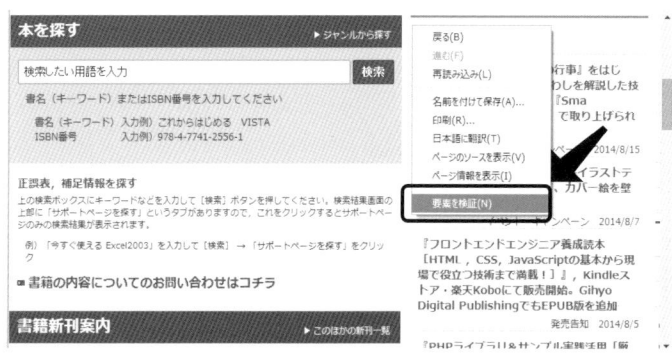

第5章 JavaScript開発に必須のツール
これだけは押さえておきたい

■図2　Chromeメニューから［ツール］→［デベロッパーツール］を選択する

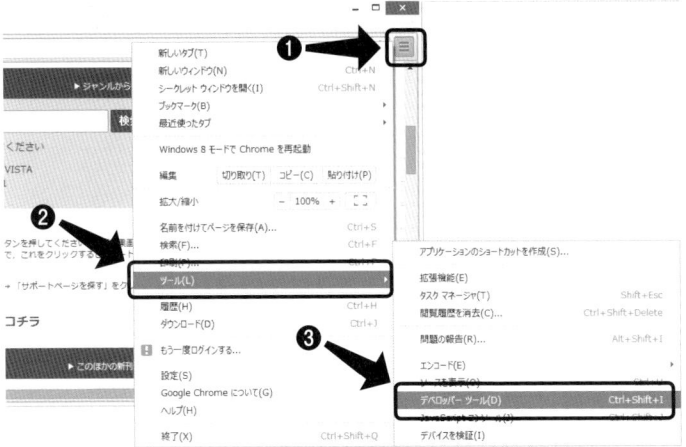

■図3　デベロッパーツールの［Sources］パネル

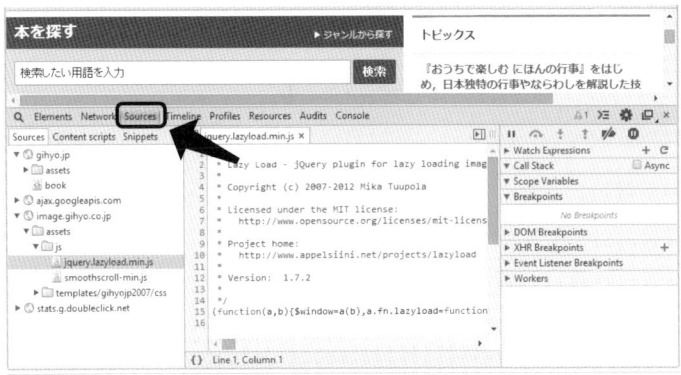

■図4　コンソールの表示

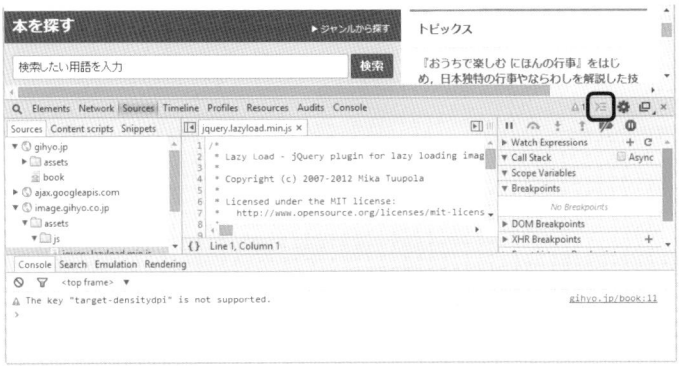

■表1　特殊な関数／変数

関数／変数	機能
$('selector')	document.querySelector('selector')の省略表記
$$('selector')	document.querySelectorAll('selector')の省略表記
$0〜$4	［Elements］パネルで現在選択されている要素（$0）から過去に選択されていた要素を$1、$2、$3、$4の順番で保持する
$_	コンソールで最後に実行された結果の値を保持する
copy(object)	objectの値をクリップボードにコピーする

コンソールの実行結果はサイト上で読み込んでいるJavaScriptの結果と連動しているため、コンソール上で定義した値は、サイト上のJavaScriptから使われます。また、サイト上のJavaScript内で定義した値は、コンソールから使用できます。

コンソール内からは簡単にデバッグできるように、表1に示す特殊な関数や変数が提供されています。

実際には表1に示す以外にもさまざまなAPIが紹介されているので、興味がある方は公式ドキュメントを参照してください。

- 「Command Line API Reference - Google Chrome」
  URL https://developer.chrome.com/devtools/docs/command-line-api?hl=ja

ブレークポイント

プログラムのデバッグを行ううえで非常に強力なツールがブレークポイントです。

ブレークポイントとは、プログラムの実行があらかじめ指定した時点に到達した際に一時的に停止する機能のことです。停止後はその時点での変数を確認したり、1行ごとに順を追って実行を進めることができます。

デベロッパーツールでブレークポイントを使うには、［Sources］パネル上で停止したい場所の行番号をクリックします（図5）。

これで、JavaScriptの実行がクリックした行に到達した時点で実行が停止されます。

ブレークポイントは［Sources］パネルの右側に表示されるため、ここから一括削除などの操作を行うこともできます。

■図5　ブレークポイントの設定

Column

開発者ツールを使いこなすために

近年ブラウザベンダーは、Chromeのデベロッパーツールのような開発者向けのツールに非常に力を入れています。そのため、ブラウザの開発者ツールは、すでにデバッグ用のツールを越えて開発用のIDEに近い機能を持ち始めています。

そのため、複雑な機能も多く、UIの変更も頻繁にあるため、「開発者ツールを使いこなす」ことはJavaScriptを開発するうえである種のスキルとなっています。

本書ではJavaScriptのデバッグでよく使う機能だけを取り上げましたが、他にも非常に多数の機能が実装されているためぜひ使いこなしてみてください。

Column

npmとNode.js

最後にnpmとNode.jsを紹介します。

npm（Node Package Manager）とは、Node.js用のパッケージ管理コマンドです。

URL https://www.npmjs.org/

JavaScriptの開発は基本的にテキストエディタやIDEで行いますが、近年はCoffeeScriptやGruntなど、インストールにnpmを利用する機会も多くなってきています。

本書では、npmとNode.jsがインストールされていることを前提にしています。

npm自体はNode.jsと同時にインストールされるため、Node.jsをインストールしておけば特に設定は必要ありません。

URL http://nodejs.org/

Node.jsはJavaScriptの実行エンジンで、コンソールから**node**コマンドでJavaScriptを実行できます。

Node.jsはMac OSやWindows向けにパッケージが用意されているため、通常のソフトウェアと同じように簡単にインストールできます。

特集1

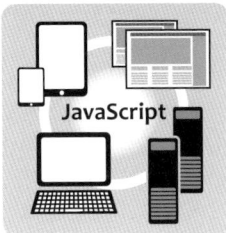

複雑化するコードを構造化!

Backbone.jsで学ぶ MVCフレームワーク［実践］入門

本特集では、JavaScript開発で必須の知識である「クライアントJavaScriptフレームワーク」について、Backbone.jsを題材に解説します。

クライアントサイドにおけるJavaScriptのフレームワークには、多くの独自概念を備えたAngularJS、手厚い機能を提供するEmber.jsなどがありますが、Backbone.jsはそうしたフレームワークと比べて特に仕様がコンパクトで、必要最小限の機能でコードを構造的に整理する手段を提供してくれます。また多くのルールを強制しません。自分でやらなければいけないことは多少増えますが、フレームワークに合わせたやり方に悩む場面も他に比べて少なくなるでしょう。そうした取り回しの良さから、Backbone.jsはフレームワーク入門に適した題材であると言えます。

本特集では、Backbone.jsの概要に始まり、それがなぜ必要かといった話題を、そもそもクライアントサイドにおけるフレームワークが求められるようになった背景とともに説明します。続いて、Backbone.jsの基本機能を説明した後、Backbone.jsを使ったアプリケーションの例を紹介します。

山田 順久　YAMADA Yukihisa　Twitter : @ykhs

第1章　クライアントサイドフレームワークが必要な理由
jQueryによる開発を構造化するBackbone.js

第2章　モデル実装入門
Backbone.Modelによるモデルの定義、属性値の設定／取得／検証、イベント処理

第3章　複数モデルの管理と永続化のしくみ
Backbone.Collectionによるコレクションの定義、モデルの追加／削除、イベント処理

第4章　ビュー、コントローラの実装
Backbone.Viewによるモデルデータの表示、elプロパティ、DOMイベント

第5章　URLと処理を紐付けるルーティングの基本
ページを遷移させずに処理を切り替える方法

コラム　AngularJSとBackbone.jsどちらを使うのがよい？

第6章　［実践編］モデルを定義し、メモの一覧を表示する
メモ帳アプリケーションの作成①

第7章　［実践編］メモの新規作成、削除、編集を行う
メモ帳アプリケーションの作成②

第8章　［実践編］検索機能を追加する
メモ帳アプリケーションの作成③

第1章 クライアントサイドフレームワークが必要な理由

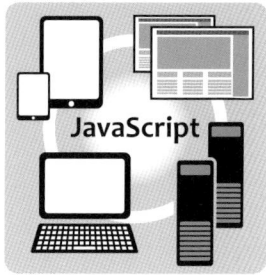

jQueryによる開発を構造化するBackbone.js

本章では、Backbone.jsが登場した背景として、クライアントサイドJavaScriptのフレームワークがなぜ必要なのかを理解し、MVCの基本を振り返ります。また、Backbone.jsを利用するための準備について説明します。

はじめに

本特集は、読者像として、JavaScriptの基本的な知識を持ち、普段からコードを書いている開発者を想定しています。特に、構造化された設計をコードに取り入れたいと考えていたり、jQueryは苦労なく扱えるものの、少し規模が大きくなるとコードをどのように整理したらよいか迷ってしまうといった開発者に役立つと思います。

Backbone.jsとは

Backbone.js（図1）は、クライアントサイドにおけるJavaScriptで書かれたコードの構造化を助けるフレームワークの1つです。コードの構造を整理して見通しを良くすることで、将来の変更や修正を行いやすくして、長期的な利点をもたらしてくれます。

- 「Backbone.jsの公式Webサイト」
   http://backbonejs.org/

■図1　Backbone.jsの公式Webサイト

クライアントサイド フレームワークが必要な理由
jQueryによる開発を構造化するBackbone.js

第1章

近年のWebアプリケーションには、主にユーザの操作に応じて必要なデータをサーバから受け取り、それを加工した後に必要なタイミングでサーバへ送るといった処理を、ページの切り替えなしに行うものが多くあります。

それらは**SPA**（Single Page Application）とも呼ばれ、次のような利点によって広まっています。

- 画面を切り替えるたびに行われるCSSやJavaScriptのリクエストを抑制する
- 必要最低限のDOMだけを更新することで、体感できる動作速度を向上させる

こうした処理自体は、以前からAjaxを利用すれば不可能なことではありませんでした。しかし、現在において従来から変わり続けている点は、そのデータの種類や量、発生するイベントの数やタイミングの多さといった、複雑さをもたらす状況です。

複雑化するクライアントサイドJavaScript

Webブラウザ上で直接実行が可能なプログラム言語としてJavaScriptの需要が高まるにつれて、その要求も高度なものへと変わり始めました。そこへ、jQueryが登場してAjaxやDOM関連の複雑な処理を簡単に実装できるようになります。jQueryは今に至るまで多くの開発者の助けになっていますが、複雑になっていくアプリケーションのコードを取り扱うにあたって、これだけでは不足を感じる場面も増えてきました。

jQueryが主眼に置いているのは、Ajaxによるデータのリクエストと、DOMの操作によるページの更新です。増大していくコードを整理するといったことはjQueryの目的ではありません。

jQueryだけに頼った状態で複雑なアプリケーションのコードを書くことも無理ではありませんが、いくつかの懸念もあります。セレクタによるDOMの補足やイベントのコールバックによって行われるDOMの操作は入り乱れ、必要なデータはどこにあるのか、そもそもどこでリクエストを行っているかもわからないという、良くない状況を生み出すかもしれません。

Backbone.jsの登場

そうした中で、コードの構造を整理する手段が求められるようになり、JavaScript向けの**アプリケーションフレームワーク**というカテゴリに注目が集まっていきました。さまざまなライブラリ、フレームワークが登場する中で、Backbone.jsは、小さく理解しやすいしくみでコードを扱いやすい量に分割する手段を提供したことで、人気を得ました。

Backbone.jsは2013年の3月に正式版となる1.0.0がリリースされており、その後もGitHub上で多くの開発者の協力を経て成熟を続けています。この文章を書いている段階ではバージョン1.1.2がリリースされています。

一般に公開されている次のようなサービスでもBackbone.jsが使われています。

- Hulu URL http://www.hulu.jp/
- Bitbucket URL https://bitbucket.org/
- Disqus URL http://www.disqus.com/
- Airbnb URL https://www.airbnb.jp/
- Trello URL https://trello.com/
- Wantedly URL https://www.wantedly.com/
- schoo URL http://schoo.jp/
- Sumally URL https://sumally.com/
- connpass URL http://connpass.com/highlight/
- miil URL http://www.miil.jp/

これらは、次のURLに示した公式Webサイトに挙げられているもののほんの一部です。おそらく実際には、もっと多くの現場で利用されていることでしょう。

- 「Backbone.jsの使用例」
  URL http://backbonejs.org/#examples

筆者もここ何年かBackbone.jsをベースとしたコードを書く業務に携わっており、その恩恵を受けています。

なぜフレームワークが必要なのか

どうしてこのようなフレームワークを使うのか、もう少し掘り下げてみましょう。

主な理由として、「大規模なアプリケーションのコードを管理しやすくするため」ということが挙げられます。規模の大きなアプリケーション開発をうまく進めるために必要なのは、プログラムをうまく設計するということです。それには、機能ごとにコードを分けたり、同じことをしている処理を別々の場所で二重に書かないように継承元のクラスへメソッドをまとめたりといった方法が考えられます。

そうしたことを考えたい場合に、フレームワークは、「このような処理はこのように作るとよい」というパターンに当てはめた実装を促すレールのような役割を果たします。フレームワークによって整理された構造を持ったコードを保つことで、そのフレームワークやパターンを理解している開発者とともに作業を進める際の効率化を図ることができます。

何よりも、フレームワークにはこれまでの開発者の知見が蓄積されています。フレームワークは、ある課題に対する解決策が、多くの開発者たちによって洗練され積み上げられていった結果でもあるのです。

がんばって自分なりにフレームワークを作ろうとしたら、結局どこかで見たようなものができてしまったというのはよく聞く話です。とはいっても、勉強のためにあえて行うのはとても有益なことです。大事な仕事においては、目的に合致していることはもちろん、多くの開発者の協力を得て開発されていて、知見の交換も活発なフレームワークを選択することも重要です。

MVCとは

Backbone.jsはMVCと呼ばれる設計のパターンを採用しています。Backbone.jsを使いこなすにはMVCの知識も重要になるでしょう。ここで簡単にMVCについても紹介しておきます。

MVCはModel-View-Controllerの略称で、プログラム設計を上手に行うためのパターンの1つです。1970年代に、Smalltalk-80というプログラム言語によってその実装が示されたのが始まりとされています。

名前のとおり、**モデル**、**ビュー**、**コントローラ**という3つの役割が存在し、コードをそれぞれの役割に分けて整理します。こうしたパターンの理解はBackbone.jsを扱う際に限らず、プログラムの設計を行う場面で役立つものです。

MVCパターンにおけるそれぞれの役割について簡単に確認しておきましょう。

モデル

Todoリストの項目やアドレス帳の情報、その他には商品の名前や写真や値段情報のような、アプリケーションが取り扱う実体や概念をプログラム上で表現したものです。保持する値に変化があった場合にはそれを通知します。

ビュー

アプリケーションのユーザインターフェース（UI）など、ユーザが見る画面に表示されるものです。モデルの変化を検知して自身もその表示を更新します。

コントローラ

ユーザの操作イベントを受け取って、それに応じた処理を行い、モデルを更新します。

＊　＊　＊

ここで大事なことは、それぞれのコンポーネントの関心事が分けられているということです。たとえば、モデルはビューの状態について一切関知しませんし、ビューに対して直接処理を呼び出すといったこともしません。JavaScriptを使った開発の場面に当てはめて具体的な例を挙げると、モデルのコード中にjQueryを使ったDOM操作の処理があってはいけません。

クライアントサイド フレームワークが必要な理由
jQueryによる開発を構造化するBackbone.js — 第1章

このようにコンポーネントの役割を明確にさせておくことで、コードの見通しが良くなります。

Backbone.jsを使う準備

これからBackbone.jsの機能をサンプルコードとともに紹介していくにあたって、Backbone.jsを読み込んだHTMLの準備についても簡単に触れておきます。ここでは最終的にBackbone.jsを動かす準備ができればよいので、自分なりのやり方がある場合は読み飛ばしてもかまいません。

Backbone.jsはjQueryと一緒に使うことを前提としており、実際にDOM操作の処理部分はjQueryを利用したコードを書くスタイルが一般的です。そのため、私達がこれまでに得た、jQueryを利用したコードを書く能力はそのまま活かすことができます。

その他に、データ操作などを便利にする数多くの小さな機能を持ったライブラリであるUnderscore.jsも、Backbone.jsの動作に必要となります。

■リスト1　HTMLファイルへのライブラリの読み込み

```
<script src="jquery.js">
<script src="underscore.js">
<script src="backbone.js">
```

■リスト2　準備するHTMLの例

```
<!DOCTYPE html>
<html lang="ja">
<head>
  <meta charset="UTF-8">
  <title>Backbone.js Example</title>

  <!-- ライブラリの読み込み -->
  <script src="jquery.js"></script>
  <script src="underscore.js"></script>
  <script src="backbone.js"></script>

  <!-- 自分が書いたコードの読み込み -->
  <script src="main.js"></script>
</head>
<body>

</body>
</html>
```

したがって、Backbone.jsはそれ自身を含めて次の3つのライブラリをセットにして使うことになります。

- Backbone.js URL http://backbonejs.org/
- Underscore.js URL http://underscorejs.org/
- jQuery URL http://jquery.com/

前述のURLからそれぞれのライブラリをダウンロードしたらリスト1のように読み込みます。

Backbone.jsがjQueryとUnderscore.jsに依存する形になっているので、jQueryとUnderscore.jsの順番はどちらでもかまいません。

用意するHTMLの一番簡単な例としては、リスト2のような最小限のHTMLにライブラリと自分の書いたコードを読み込むための`<script>`タグを記述するのが手っ取り早いでしょう。

まとめ

次章からはまずBackbone.jsの主要なAPIを紹介し、その後でちょっとしたアプリケーションの作り方について作例を通じて解説していきます。紹介するAPIにはBackbone.Model、Collection、View、Routerといったものがあります。実際のアプリケーション開発を始める前に、Backbone.jsの作りについての基礎を押さえておくのは重要なことです。

第2章 モデル実装入門

Backbone.Modelによるモデルの定義、属性値の設定／取得／検証、イベント処理

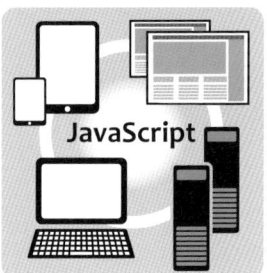

Backbone.jsを利用して構造化されたアプリケーションを開発する場合、Backbone.Modelというコンポーネントでモデルを実装します。本章では、Backbone.Modelの基本的な利用方法について説明します。

Backbone.Modelとは

ここでは、Backbone.jsの主要なAPIとして手始めに、前章で解説した「モデル、ビュー、コントローラ」の「モデル」を担うBackbone.Modelについて解説します。モデルとは以前に説明したとおり、アプリケーションで扱うデータを構造化したものです。

Backbone.Modelは、属性値の設定や取得、値の検証と永続化、そしてイベントのしくみを持っています。

Backbone.Modelオブジェクトの定義

たとえば、アドレス帳アプリケーションを作りたいので1件の連絡先を表すモデルを定義したい場合、リスト1のようなモデルを定義します。

Backbone.ModelにはBackbone.jsが提供する基本的な機能が実装されており、extend()メソッドを呼び出すことによって、その基本的な機能を拡張したBackbone.Modelオブジェクトの複製を得ることができます。ここでのContactはBackbone.Modelの機能に加えてdefaultsプロパティを持ったオブジェクトとなっています。

defaultsプロパティには、インスタンスの作成時に正しくデータが渡されていなくても、ここに指定した属性値を初期値として必ず持つように宣言しておくことができます。

もし他の開発者や未来の自分がコードを読んだときに構造を把握しやすいように、具体的な初期値がない場合でも、このモデルはどのような属性値を取ることを期待しているのかを示すためにdefaultsの宣言を記述しておいたほうがよいでしょう。

こうして定義したモデルは、リスト2のように初期化して扱うことができるようになります。

データ構造の確認

コンソールで現在のモデルの構造を確認してみましょう。これまでのサンプルコードに次のコードを追記します。

```
console.log(JSON.stringify(contact, null, 2));
```

ブラウザでHTMLを再度読み込むと、コンソールには初期化した際に渡したデータが例1のように表示されます。

ちなみに、リスト3のようにContactに対して

■リスト1 連絡先を表すモデルの定義

```
var Contact = Backbone.Model.extend({
  defaults: {
    firstName: '',
    lastName: '',
    email: ''
  }
});
```

■リスト2 モデルの初期化

```
var contact = new Contact({
  firstName: 'Alice',
  lastName: 'Henderson',
  email: 'alice@example.com'
});
```

モデル実装入門
Backbone.Modelによるモデルの定義、属性値の設定／取得／検証、イベント処理　**第2章**

何も属性値を渡さずに初期化した場合は、`defaults`プロパティの値が自動的に設定されていることが確認できます（**例2**）。

ここで使用している`JSON.stringify()`メソッドについても説明しておきます。このメソッドは、引数として受け取ったオブジェクト、あるいは引数のオブジェクトが`toJSON()`メソッドを実装している場合はその戻り値をJSON文字列化します。Backbone.Modelには`toJSON()`メソッドが実装されているため、後者の条件が適用されます。

Backbone.Modelのインスタンスを直接`console.log()`へ渡してもかまいませんが、Backbone.jsが内部的に利用する値も多く持っているため、純粋にデータ構造の確認を行いたい場合には`JSON.stringify()`メソッドを使用すると便利です。

`JSON.stringify()`メソッドの第2引数は出力される値のフィルタリングや加工のためのオプション、第3引数はインデント幅を指定するためのオプションです。ここでは出力を加工する必要はないので第2引数に`null`、第3引数は読みやすさのため2を指定して、半角スペース2つ分のインデントを入れるようにしました。

初期化処理の実装

モデルを定義する際に`initialize()`メソッドを実装しておくことで、`new`演算子を使って初期化する際にBackbone.Modelから自動的に呼び出してもらう処理を記述できます（**リスト4**）。

リスト4のコードを実行した場合、コンソールに「Contactが初期化されました。」と表示されます。

属性値の設定と取得

モデルが持つ属性値は、実際には`attributes`プロパティに格納されています。初期化時に渡すデータも、これから紹介する`set()`や`get()`といったメソッドも、このプロパティへアクセスして処理を行います。

`attributes`という名前から、Web上の日本語記事や書籍においても、Backbone.Modelが管理するデータを明示的に指し示すために属性という呼び方を使う例があります。本特集でもそれにならって「属性」と呼びます。

属性を設定する際に使うのは`set()`メソッドです（**リスト5**）。第1引数に属性名、第2引数にその属性値を渡して呼び出します。第1引数にオブジェクト形式で属性名と属性値のペアを用意して渡すことで、一度に複数の属性を設定することもできます。

設定されている属性値を取得するためには`get()`メソッドを使います（**リスト6**）。こちらは取得したい属性名を渡して呼び出します。

また、属性が存在するかどうかを確認する手段として`has()`メソッドを使用できます（**リスト7**）。このメソッドは、指定した属性に`null`または`undefined`でない値が設定されている場合にのみ`true`、それ以外は`false`を返します。

■例1　初期化したモデルの内容
```
{
  "firstName": "Alice",
  "lastName": "Henderson",
  "email": "alice@example.com"
}
```

■例2　初期値を指定しない場合のモデルの内容
```
{
  "firstName": "",
  "lastName": "",
  "email": ""
}
```

■リスト3　初期値を指定しないモデルの初期化
```
var emptyContact = new Contact();
console.log(JSON.stringify(emptyContact, null, 2));
```

■リスト4　初期化処理
```
var Contact = Backbone.Model.extend({
  initialize: function() {
    console.log('Contactが初期化されました。');
  }
});

var contact = new Contact();
```

JavaScriptエンジニア養成読本　**19**

ここで扱っている属性値の実体が`attributes`に存在することは、先ほど説明したとおりです。では、`attributes`に直接アクセスして属性値の設定や取得ができるのかというと、それは可能です（リスト8）。ただし、その場合は後述するイベントのしくみが働かなくなってしまうため、お勧めしません。

イベント

Backbone.jsの各オブジェクトには**イベント**機能が備わっています。イベントを使えば、あるメソッドが別のインスタンスのメソッドを呼び出すという関係性を逆にして、呼び出されるメソッドを持つ側がイベントに対して自身を登録しておくことができます。

これによって、モデルの属性値が変更されたのでビューの表示も更新してほしいといった場合でも、モデルは更新すべきビューの存在を気にかける必要がなくなります。モデルの仕事はデータの管理であって、ビューに表示の更新を依頼することではないのです。

もしこの習慣に従わなくても、アプリケーションを動かせないことはないでしょう。しかし、アプリケーションが大きくなってくると、モデルは多くのビューから参照されます。そういった状況で、モデルの変化に応じてさまざまなビューに対してメソッドを呼び出すコードが入り乱れてしまうと、コードの見通しは悪くなり、プロジェクトの進捗は良くないものとなってしまうでしょう。

イベントのいくつかはBackbone.js側で自動的に発生するようになっていて、その一覧は次のURLから確認することができます。

- 「イベントの一覧」
  URL http://backbonejs.org/#Events-catalog

イベントの監視

イベントを監視するには`on()`メソッド、監視を解除するには`off()`メソッドを使用できます。また、独自のイベントを発生させるには`trigger()`メソッドを使います。詳細は後述しますが、インスタンスから別のインスタンスを監視する場合に適した`listenTo()`メソッドと、その監視を解除する`stopListening()`メソッドのペアも存在します。

これらはBackbone.jsのオブジェクトが共通して持っているメソッドです。

まずはイベントの監視をするための`on()`メソッドを見てみましょう。Backbone.Modelは属性が変化した際に`change`イベントを自動的に発生させ

■リスト5　属性値の設定

```
var contact = new Contact();

// firstName属性に'Alice'を設定する
contact.set('firstName', 'Alice');

// オブジェクトで複数の属性を設定する
contact.set({
  firstName: 'Alice',
  lastName: 'Henderson'
})
```

■リスト6　属性値の取得

```
contact.get('firstName');
// => 'Alice'

contact.get('lastName');
// => 'Henderson'
```

■リスト7　属性値の有無の確認

```
contact.has('firstName');
// => true

contact.has('email');
// => false
```

■リスト8　attributesへの直接アクセス

```
// attributesに直接設定した属性値もget()で取得できる
contact.attributes.email = 'alice@example.com';
contact.get('email');
// => 'alice@example.com'

// set()された値をattributesから直接取得できる
contact.set('lastName', 'Sanders');
contact.attributes.lastName;
// => 'Sanders'
```

第2章 モデル実装入門
Backbone.Modelによるモデルの定義、属性値の設定／取得／検証、イベント処理

るしくみを持っているため、例としてこれを監視するコードを示します（リスト9）。第1引数に監視するイベント名、第2引数にイベントの発生時に呼び出されるコールバック関数を指定します。jQueryのイベントに慣れ親しんだ方にはわかりやすいかもしれません。

自身が発するイベントを自分でも捕捉したい場合には、モデル定義の`initialize()`メソッド内でイベントの監視を始めるのが便利です（リスト10）。

例に挙げたコードのようにイベントを監視している状態で、属性値を変更するコードを足してみてください。

```
contact.set('email', 'henderson@example.com');
```

このコードが実行され、属性値が変更されると、リスト10の結果としてコンソールには次のように表示されます。`change:email`と属性名まで指定したほうが先に呼び出され、単に`change`イベントを監視しているほうが後に呼び出される順番になっています。

```
email属性が変更されました。
属性が変更されました。
```

イベントの監視の解除

`off()`メソッドを使用すると、`on()`メソッドによって登録されたイベントの監視を解除できます（リスト11）。

引数なしの場合はインスタンスに対するすべてのイベント、イベント名を指定した場合はそのイベントの監視を解除します。

`on()`メソッドを呼び出す際に紐付けたコールバック関数を参照できる場合は、そのコールバック関数を特定して解除することも可能です（リスト12）。

独自のイベントの発生

独自のイベントを発生させるには`trigger()`イベントを使用します。例として、連絡先モデルがユーザに選択されたというフラグを立てるための`select()`メソッドを用意してみます（リスト13）。

リスト13のコードが実行されると、コンソールには「selectイベントが発生しました。」というメッセージが表示されます。

他のインスタンスに対するイベントの監視

他のインスタンスに対するイベントを監視する

■リスト9　changeイベントの監視

```javascript
var contact = new Contact({
  firstName: 'Alice',
  lastName: 'Henderson',
  email: 'alice@example.com'
});

// changeイベントですべての属性の変化を監視する
contact.on('change', function() {
  console.log('属性が変更されました。');
});

// change:属性名と記述することで
// 特定の属性値の変化に絞って監視できる
contact.on('change:email', function() {
  console.log('email属性が変更されました。');
});
```

■リスト10　モデル初期化時にイベントの監視を始める

```javascript
var Contact = Backbone.Model.extend({
  initialize: function() {
    this.on('change', function() {
      console.log('属性が変更されました。');
    });
    this.on('change:email', function() {
      console.log('email属性が変更されました。');
    });
  }
});
```

■リスト11　イベントの監視の解除

```javascript
// 引数なし＝すべてのイベント
contact.off();

// イベント名を指定
contact.off('change');
```

JavaScriptエンジニア養成読本

には、`listenTo()`メソッドを利用するのが得策です。たとえばよくあるケースが、Backbone.Viewがモデルの`change`イベントを監視して表示の更新を行うというものです。

`on()`と`listenTo()`は、どちらもイベントの監視を行うという機能に違いはありません。どこに違いがあるかというと、そのメソッドを実行する主体がどちらにあるかという点です。あるモデルのイベントを監視したいとき、`on()`の場合はモデルが`on()`メソッドを呼び出す主体となり、`listenTo()`の場合はモデルを監視する側が`listenTo()`メソッドを呼び出す主体となります（リスト14）。

この違いはインスタンスを破棄する際の扱いやすさの面で顕著に現れます。もしビューを破棄したい場合には、当然イベントの監視も解除する必要があります。そうしないと、イベントに紐付いているコールバック関数の参照が残ってしまうため、ガベージコレクタによるメモリ解放の対象から漏れてメモリリークの原因となってしまうからです。

`listenTo()`メソッドを使ってイベントの監視を始めていれば、引数なしで`stopListening()`メソッドを呼び出すだけで、そのインスタンスが行っているすべてのイベントの監視を解除できます。さらに、Backbone.Viewは、`remove()`というインスタンス破棄用のメソッドの内部で`stopListening()`の呼び出しも行っています。このため、習慣的に`listenTo()`を使うようにしておくことで、メモリリーク対策がある程度行われている環境を得られます。

モデルに対する`on()`メソッドの呼び出しでイベントを監視していた場合は、イベントとそれに紐付くコールバック関数を確認しながら個別に解除していかなくてはなりません。おそらく多くの場面で、ビューより先にモデルが削除されることはないでしょう。

■リスト12　コールバック関数を特定して解除

```
var onChange = function() {
  console.log('属性が変更されました。');
};

var onChangeEmail = function() {
  console.log('email属性が変更されました。');
};

contact.on('change', onChange);
contact.on('change:email', onChangeEmail);

// 'change'イベントに対してonChange()メソッドを
// 紐付けた監視だけを解除する
contact.off('change', onChange);

// この属性値の変更に反応するのはonChangeEmail()
// メソッドのみとなる
contact.set('email', 'henderson@example.com');
```

■リスト13　独自のイベントの発生

```
var Contact = Backbone.Model.extend({

  initialize: function() {
    // selectイベントの発生を監視する
    this.on('select', function(selected) {
      console.log('selectイベントが発生しました。');
    });
  },

  select: function() {
    // 選択中フラグを立てる。連絡先データではないので
    // 属性ではなく単なるプロパティとして扱う
    this.selected = true;

    // 独自イベントのselectを発生させる
    // trigger()メソッドの第2引数以降の指定は
    // コールバック関数が受け取れるパラメータとなる
    this.trigger('select', this.selected);
  }
});

// Contactインスタンスを生成してselect()メソッドを呼び出す
var contact = new Contact();
contact.select();
```

独自処理の実装

`defaults`プロパティや`initialize()`メソッド、`validate()`メソッドを定義しておくと、Backbone.Modelが必要なときに自動的にこれらのメソッドを呼び出してくれます。それ以外にも、独自処理を加えて自ら使用することも当然可能で

す。これは、後に紹介する他のBackbone.jsオブジェクトにおいても同様です。

リスト15では、firstName属性とlastName属性の文字列を連結して返すfullName()メソッドを作成しています。このように定義したメソッドはnew演算子を使用して得られる初期化されたインスタンスから使用できます。

属性値の検証

モデルの属性値がアプリケーションに期待されているとおりになっているか検証を行うのがvalidate()メソッドです。このメソッドは自分で呼び出すのではなく、インスタンスメソッドとして定義しておけばBackbone.js側で自動的に実行してくれます。

実行されるタイミングは、save()メソッドが呼び出されたときと、set()メソッドが{ validate: true }のオプションを付けて呼び出されたときです。save()メソッドはデータを永続化するためのメソッドです。詳細については後述しますので、今はサーバにデータを保存するメソッドであると認識しておけば大丈夫です。

validate()メソッドの実装方法にはルールがあります。1つは、属性値に異常がない場合は何も値を返さないこと。もう1つは、異常があった場合にはそのエラーを伝える内容の文字列を返すことです。

検証の結果、異常であると判定された場合には、save()メソッドやset()メソッドは中止され、サーバ側のデータや更新されるはずだった属性に

■リスト14　listenTo()メソッド

```js
var ContactView = Backbone.View.extend({
  initialize: function() {
    // 引数はon()メソッドと似ているが、
    // 第1引数で監視対象を指定する
    //
    // listenTo(監視対象, イベント名, コールバック関数)
    //
    this.listenTo(this.model, 'change', function() {
      console.log(モデルの属性が変更されました。);
    });
  }
});
```

■リスト15　独自処理の実装

```js
var Contact = Backbone.Model.extend({
  defaults: {
    firstName: '',
    lastName: '',
    email: ''
  },

  fullName: function() {
    return this.get('firstName') + ' ' + this.get('lastName');
  }
});

var contact = new Contact({
  firstName: 'Alice',
  lastName: 'Henderson'
});

contact.fullName();
// => 'Alice Henderson'
```

Column　二重化を避ける

このとき、fullName()メソッドではなくfullNameという属性を持たせてもよいという考え方もあるかもしれませんが、その方法は強く避けるべきだと考えます。ここでfullNameという属性を新たに作ってしまうと、firstNameやlastNameといった既存の属性が表すものと同じ意味を持った値が重複してしまうためです。

fullName属性を追加してしまうと、firstName属性を更新したら一緒にfullName属性も更新する処理を書かなければなりません。人間も完璧ではないため、どこかでずれが生じてしまうかもしれません。また、fullName()メソッドを定義すれば避けられる手間をわざわざ生み出すことは良いことではありません。他にも、姓と名を逆に表示する必要が生じた場合にも面倒なことになってしまうでしょう。

そのようなわけで、既存の属性を計算して生成できる値はそれを計算して返すメソッドとして定義しておくことをお勧めします。

変化は起こりません。この状態はinvalidイベントで捕捉できます（リスト16）。

リスト16のコードを実行すると、コンソールの結果は例3のようになります。invalidイベントが発生したこととモデルの属性が更新されなかったことを確認できます。

まとめ

本章では、Backbone.Modelの機能とその利用方法について説明しました。次章では、Backbone.Modelで実装した複数のモデルを管理するコンポーネントである、Backbone.Collectionを紹介します。

■リスト16　validate()による検証とinvalidイベントによる監視

```
var Contact = Backbone.Model.extend({
  defaults: {
    firstName: '',
    lastName: '',
    email: ''
  },

  initialize: function() {
    // 検証中に発生したエラーを監視する
    this.on('invalid', function(model, err) {

      // invalidイベントに紐付くコールバック関数は
      // validate()メソッドが返すエラーメッセージを
      // 受け取ることができる
      //
      // あるいはモデルのvalidationErrorプロパティを
      // 参照してもよい
      //
      console.log(err);
      // => 'firstName属性とlastName属性の両方が必須です。'
    });
  },

  validate: function(attrs) {
    if (!attrs.firstName || !attrs.lastName) {
      return 'firstName属性とlastName属性の両方が必須です。'
    }
  }
});

var contact = new Contact({
  firstName: 'Alice',
  lastName: 'Henderson',
  email: 'alice@example.com'
});

// validate()メソッドによる検証を通過しない変更を
// { validate: true }オプションを付けてわざと行う
contact.set({
  lastName: ''
}, {
  validate: true
});

// モデルの属性が変化していないことを確認できる
console.log(JSON.stringify(contact, null, 2));
```

■例3　リスト16の実行結果

```
firstName属性とlastName属性の両方が必須です。
{
  "firstName": "Alice",
  "lastName": "Henderson",
  "email": "alice@example.com"
}
```

第3章 複数モデルの管理と永続化のしくみ

Backbone.Collectionによるコレクションの定義、モデルの追加／削除、イベント処理

Backbone.Modelで定義したモデルは、Backbone.Collectionで定義したコレクションに追加してまとめることができます。本章では、Backbone.Collectionの基本的な利用方法を説明します。

Backbone.Collectionとは

Backbone.Collectionは、複数のBackbone.Model（モデル）を保持し、管理できるコレクションというコンポーネントです。

Backbone.Collectionオブジェクトの定義

Backbone.Collectionを利用する場合も、extend()を使ってBackbone.Collectionの機能を継承するオブジェクトを作成します。

例として、Contactモデルをコレクションとして管理するContactCollectionを定義するコードを示します（リスト1）。

■リスト1　連絡先モデルのコレクションの定義

```
var Contact = Backbone.Model.extend({
  defaults: {
    firstName: '',
    lastName: '',
    email: ''
  }
});

var ContactCollection = Backbone.Collection.extend({
  // modelプロパティにどのモデルを管理するかを宣言する
  // この宣言によって、コレクションが保持するモデルは
  // Contactのインスタンスとなる
  model: Contact,

  // initialize()メソッドを定義できる点はBackbone.Modelと同じ
  initialize: function() {
    console.log('ContactCollectionが初期化されました。');
  }
});
```

モデルの追加

コレクションにモデルを追加してみましょう。この場合は、add()メソッドを呼び出して引数にモデルのインスタンスを渡します（リスト2）。

このときコンソールには例1のログが残り、コレクションに複数のモデルが収められていることを確認できます。

コレクションに追加されているモデルの数は、JavaScriptの配列と同じようにlengthプロパティから読み取ることができます。

```
console.log(contactCollection.length);// => 2
```

モデルの追加は配列を使って一度に行うこともできます。

```
contactCollection.add([alice, bob]);
```

JavaScriptエンジニア養成読本　25

すでに追加されているモデルが渡された場合は何も行いません（リスト3）。

単にオブジェクトを渡すことで、それを属性値としたモデルを内部で生成することもできます（リスト4）。

モデルのインスタンスではなく、オブジェクトを渡す方法でも配列の形で一度に複数のモデルを生成できます（リスト5）。

コレクションの初期化を行う際にモデルを渡してもかまいません。受け取ったモデルを子要素として保持した状態でコレクションはインスタンス化されます。

```
var contactCollection =
    new ContactCollection([alice, bob]);
```

モデルの削除

コレクションからモデルを削除するには、remove()メソッドにモデルのインスタンスを渡して呼び出します。リスト2のコードに続いてリスト6のコードを足してみます。

コンソールに表示される結果は例2のようになり、保持しているモデルのインスタンスが削除されていることを確認できます。

モデルのリセット

追加や削除ではなく、保持しているモデルをすべて新しいものに入れ替えたい場合には、reset()メソッドを使用できます（リスト7）。

add()メソッドでモデルを追加するのと同じ要

■リスト2　モデルの追加方法①

```
var contactCollection = new ContactCollection();

var alice = new Contact({
  firstName: 'Alice',
  lastName: 'Henderson',
  email: 'alice@example.com'
});

var bob = new Contact({
  firstName: 'Bob',
  lastName: 'Sanders',
  email: 'bob@example.com'
});

contactCollection.add(alice);
contactCollection.add(bob);

console.log(JSON.stringify(contactCollection, null, 2));
```

■リスト3　同じモデルを追加した場合

```
var contactCollection = new ContactCollection();
contactCollection.add(alice);
contactCollection.add(alice);

console.log(contactCollection.length);
// => 1
```

■リスト6　モデルの削除

```
// コレクションからaliceモデルを削除
contactCollection.remove(alice);
console.log(JSON.stringify(contactCollection, null, 2));
```

■例1　モデルを追加したコレクション

```
ContactCollectionが初期化されました。
[
  {
    "firstName": "Alice",
    "lastName": "Henderson",
    "email": "alice@example.com"
  },
  {
    "firstName": "Bob",
    "lastName": "Sanders",
    "email": "bob@example.com"
  }
]
```

■リスト4　モデルの追加方法②

```
contactCollection.add({
  firstName: 'Alice',
  lastName: 'Henderson',
  email: 'alice@example.com'
});
```

■リスト5　モデルの一括追加

```
contactCollection.add([
  {
    firstName: 'Alice',
    lastName: 'Henderson',
    email: 'alice@example.com'
  }, {
    firstName: 'Bob',
    lastName: 'Sanders',
    email: 'bob@example.com'
  }
]);
```

複数モデルの管理と永続化のしくみ
Backbone.Collectionによるコレクションの定義、モデルの追加／削除、イベント処理

第3章

領で呼び出します。配列やオブジェクトを渡せることもadd()メソッドと共通です。

コンソールの表示は例3のようになります。以前保持していたモデルはすべてコレクションから削除され、reset()メソッドに渡したモデルだけが保持されます。

この他にも、引数に何も渡さずにreset()メソッドを呼び出すことで、保持しているモデルをコレクション内からすべて削除するといった用途にも使用できます。

イベント

Backbone.Collectionが自動的に発生させる基本的なイベントとして、モデルが追加されたときのaddイベント、削除されたときのremoveイベント、reset()メソッドによって保持しているモデルが更新されたときのresetイベントがあります。reset()メソッドによってモデルが追加されたときに発生するのはresetイベントのみで、addイベントは発生しません。

addイベントはモデルが追加されるたびに発生するので、配列で複数のモデルを受け取った場合は配列内のモデルの数だけイベントが発生します。

リスト8はaddイベントを監視する例です。コンソールには例4のように表示されます。

コレクションのaddイベントは、Backbone.Viewと組み合わせて、モデルの追加時にビュー側の表示要素も追加するといった用途でよく使われます。

Underscore.jsの機能

Backbone.jsが依存するUnderscore.jsは、便利で小さな関数群を提供するライブラリです。その中でもCollection Functionsというグループに分類されるeach()、map()、reduce()、filter()などを使うと、配列を便利に扱えます。

本来これらのメソッドは_.each(someArray, function() {...})のように使用しますが、コレクションに対しては直接呼び出すことができます（リスト9）。

Backbone.Collectionから利用できるUnderscore.jsのメソッドの一覧は、次のURLから参照できます。

🔗 http://backbonejs.org/#Collection-Underscore-Methods

数が多くすべてを紹介できませんが、たとえばfilter()メソッドは、条件に合致するモデルを配列にして返すことができます（リスト10）。

■例2　モデルの削除

```
[
  {
    "firstName": "Bob",
    "lastName": "Sanders",
    "email": "bob@example.com"
  }
]
```

■例3　リセットしたコレクションの内容

```
[
  {
    "firstName": "John",
    "lastName": "Doe",
    "email": "john@example.com"
  },
  {
    "firstName": "Jane",
    "lastName": "Doe",
    "email": "jane@example.com"
  }
]
```

■リスト7　モデルのリセット

```
var john = new Contact({
  firstName: 'John',
  lastName: 'Doe',
  email: 'john@example.com'
});

var jane = new Contact({
  firstName: 'Jane',
  lastName: 'Doe',
  email: 'jane@example.com'
});

contactCollection.reset([john, jane]);

console.log(JSON.stringify(contactCollection, null, 2));
```

JavaScriptエンジニア養成読本

データの永続化

モデルとコレクションについておおむね紹介したところで、データの永続化についても触れておきます。せっかくクライアント側でデータをうまく管理または更新できる術を身につけても、それがサーバ上のデータベースやクライアントのローカルストレージなどへ保存されるまで面倒を見ないと、次にブラウザでアプリケーションを開いたときにすべてのデータは消えてしまっています。

Backbone.jsは永続化されたデータにアクセスするためのインターフェースを備えており、これを利用してデータの取得と保存を実行できます。

データの取得

まずはデータを取得するための`fetch()`メソッドを紹介します。`fetch()`メソッドはBackbone.ModelとBackbone.Collectionのインスタンスから使用できるメソッドです。使うためにはそのサーバ上で対応するURLリソースがどこにあるかがわからないといけません。そのため、モデルとコレクションの定義時に`url`プロパティで参照するURLを指定する必要があります。

たとえばコレクションを定義する際に、リスト11のように`url`プロパティを記述しておきます。

このようにしたうえで`fetch()`メソッドを呼び出すと、サーバへのリクエストを行うことができます（リスト12）。

このとき、サーバに対して`/contacts`のパスへGET形式のHTTPリクエストが行われます。リスト12の例ではコレクションからリクエストされているため、たとえばサーバ側にはリスト13のようなJSON形式の配列を返す挙動が期待されます。

コレクションが期待どおりにデータを受け取れたら、配列に収められたJSONデータから各モデ

■リスト8　addイベントの監視

```
contactCollection.on('add', function(contact) {
  // コールバック関数の引数から追加されたモデルを参照できる
  console.log('モデルが追加されました。', contact.get('firstName'));
});

//
contactCollection.add([
  {
    firstName: 'John',
    lastName: 'Smith',
    email: 'johnsmith@example.com'
  }, {
    firstName: 'Jane',
    lastName: 'Smith',
    email: 'janesmith@example.com'
  }
]);
```

■例4　addイベントの監視

```
モデルが追加されました。　John
モデルが追加されました。　Jane
```

■リスト9　Underscore.jsのメソッドの呼び出し

```
contactCollection.each(function(contact) {
  // ...
});
```

■リスト10　filter()メソッド

```
var filtered = contactCollection.filter(function(contact) {
  // Contactモデルがage（年齢）属性を持っていたとして
  // その年齢が30以上のモデルだけを抽出した配列を返す
  return contact.get('age') >= 30;
});
```

第3章 複数モデルの管理と 永続化のしくみ
Backbone.Collectionによるコレクションの定義、モデルの追加／削除、イベント処理

ルが生成されるしくみです。

　fetch()によるリクエストは非同期に行われるので、結果が判明したタイミングを知る手段も必要です。fetch()は内部でjQueryの$.ajaxメソッドを使用しているので、successやerrorオプションにコールバック関数を渡しておくことが可能です。戻り値もjQueryのPromiseオブジェクトになっているので、then()メソッドなどで処理をつないでいくことができます。もちろん、$.when()メソッドを用いて複数のfetch()をまとめてその結果をハンドリングするといったことも可能です。

コールバック関数の引数にはモデルやコレクションへの参照が渡されます（リスト14～リスト16）。このときsuccessオプションに渡したコールバック関数にはBackbone.CollectionやBackbone.Modelを継承したインスタンスの形式、thenメソッドのコールバック関数には単なる配列かオブジェクトの形式で引数が渡されるという挙動の違いがあります。

　fetch()の完了後、コレクション自体がsyncイベントを発生させるので、これを監視する方法もあります。そしてイベントに関してはもう1つ、リクエストが始まったタイミングで発生するrequestイベントもあります。たとえばこれらのイベントを利用してローディングの表示の開始と停止を切り替えるといった使い方が考えられます。

　syncイベントは、fetch()メソッドと、後述するsave()メソッドの完了後にも発生するので、意図しない動作にならないように注意してください。

データの保存

　データの保存にはsave()メソッドを使います。こちらはfetch()メソッドと違っ

■リスト11　urlプロパティの定義

```
var ContactCollection = Backbone.Collection.extend({
  url: '/contacts',
  model: Contact
});
```

■リスト12　fetch()メソッドによるデータの取得

```
var contactCollection = new ContactCollection();
contactCollection.fetch();
```

■リスト14　コールバック関数の指定①

```
// successオプションにコールバック関数を渡して
// コレクションのfetch()が完了後に次の処理を行う例
contactCollection.fetch({
  success: function(collection) {
    showContact(collection);
  }
});
```

■リスト15　コールバック関数の指定②

```
// jQuery Deferredが返すPromiseオブジェクトを利用して
// コレクションのfetch()が完了後に次の処理を行う例
contactCollection.fetch().then(function(collection) {
  showContact(collection);
});
```

■リスト16　コールバック関数の指定③

```
// 複数のモデルとコレクションによるfetch()が完了した後
// 次の処理を行う例
var fetchingContactCollection = contactCollection.fetch();
var fetchingOtherData = otherData.fetch();

$.when(fetchingContactCollection, fetchingOtherData)
  .then(function(collection, otherData) {
    // ...
  });
```

■リスト13　JSON形式の配列

```
[
  {
    "firstName": "Alice",
    "lastName": "Henderson",
    "email": "alice@example.com"
  },
  {
    "firstName": "Bob",
    "lastName": "Sanders",
    "email": "bob@example.com"
  },
  {
    "firstName": "John",
    "lastName": "Smith",
    "email": "johnsmith@example.com"
  },
  {
    "firstName": "Jane",
    "lastName": "Smith",
    "email": "janesmith@example.com"
  }
]
```

て、Backbone.Modelのインスタンスだけが利用できます。コレクションが保持しているモデルを保存したい場合は、それぞれのモデルに対してsave()メソッドを呼び出します。あるいは、コレクションのcreate()メソッドを呼び出すことで、モデルの生成、コレクションへの追加、サーバへの送信がまとめて行われます。

リクエストはfetch()メソッドと同じく、urlプロパティに設定されているパスに対して行われますが、状況によって挙動が変わってきます。まず単純に仕様だけを述べてしまうと、次のようになります。

- モデルがid属性を持っていない場合、コレクションに設定されているurlプロパティに対してPOST形式のHTTPリクエストが行われる
- モデルがid属性を持っている場合、コレクションのurlプロパティとモデルのid属性値を連結したパスにPUTリクエストが行われる

idがない場合には/contactsに対してPOSTリクエスト、ある場合には/contacts/123に対してPUTリクエストを行う、といった具合です。

そのため、サーバに対しては次のような処理が期待されます。

- id属性を持たないデータで/contactsに対してPOSTリクエストが行われた場合、リソースの新規作成を行い、レスポンスにid属性を足したデータを返す（リスト17）
- id属性を持つデータで/contacts/123に対してPUTリクエストが行われた場合、作成済みのリソースとみなし、更新を行う（リスト18）

データの削除

データを削除するには、Backbone.Modelのdestroy()メソッドを使います。このメソッドを呼び出すと、そのモデルはコレクションやサーバから削除されます。

Backbone.Collectionのremove()メソッドと違い、モデルと対応するURLに対して実際にDELETEのHTTPリクエストが送信されます。このメソッドが実行された際には、モデルを保持していたコレクションがremoveイベントに加えてdestroyイベントを発生させます。

まとめ

本章では、複数のモデルを管理するためのBackbone.Collectionの使用方法を説明しました。次章では、MVCのビューの役割を担うBackbone.Viewを取り上げます。

■リスト17　リソースの新規作成（POSTリクエスト）

```
var ContactCollection = Backbone.Collection.extend({
  url: '/contacts',
  model: Contact
});

contactCollection.create({
  firstName: 'Alice',
  lastName: 'Henderson',
  email: 'alice@example.com'
});
// クライアント側で新しいデータが作られた
// （idをまだ持たない）のでPOSTリクエストになる
// 例：POST http://localhost:4567/contacts
```

■リスト18　リソースの更新（PUTリクエスト）

```
var contact = contactCollection.get(1233);

// save()に直接オブジェクトを渡して更新可能
contact.save({
  lastName: 'Sanders'
});

// id属性を持つ、サーバ側のリソースが作成済みなので
// そのURLへの更新のためのPUTリクエストが行われる
// 例：PUT http://localhost:4567/contacts/123
```

第4章 ビュー、コントローラの実装

Backbone.Viewによるモデルデータの表示、elプロパティ、DOMイベント

Backbone.Viewは、MVCではビューに相当しますが、実際にはモデルのデータの表示、画面表示やモデルの更新といった、コントローラに近い役割も担います。本章では、Backbone.Viewでビューを定義し、モデルのデータを表示するための基本的な方法を説明します。

Backbone.Viewとは

Backbone.Viewは、HTMLテンプレートと組み合わせてモデルが持つデータをブラウザ上に表示する、そのデータの更新を受けて画面の表示を更新する、そして、DOM上のイベントを受けてモデルを更新するといった役割を持ちます。

MVCの定義と厳密に照らし合わせると、ユーザの操作を捕捉してモデルを更新するのはコントローラの役割です。したがって、名前こそBackbone.Viewですが、本来のMVCにおいてはコントローラに近い存在となります。それなら本来のビューはBackbone.jsのどこにあるかというと、おそらくHTMLがそれに相当するのではないかと思います。

とはいえ、本特集の主題はBackbone.jsなので、Backbone.Viewを指してビューという表現を使用します。他の書籍や文章を読んで一般的な意味でのMVCという概念に触れる際、Backbone.jsが採用している解釈との違いに戸惑わないために、こうしたことを知っておくこと自体は良いことだと思います。

Backbone.Viewオブジェクトの定義

Backbone.Viewの場合も、`extend()`を使ってBackbone.Viewの機能を継承したオブジェクトを作ります(リスト1)。こちらも他と同様に、`initialize()`メソッドで初期化時の処理を定義できます。

モデルのデータの表示

それではモデルのデータをブラウザ上に表示させてみましょう。必要なのはモデルとHTMLテンプレート、それからその2つを組み合わせる処理です。モデルは以前から例として使っている`Contact`モデルが定義されているものとします。

HTMLテンプレートはリスト2のように定義するのが一般的です。`<script>`タグの中へHTMLテンプレートを記述することで、ブラウザにはDOM要素として評価させないようにしておきながら、JavaScriptからその内容を取得して使用するしくみです。id属性を振っておいてJavaScript側から拾いやすいようにしておきましょう。

リスト3は、Backbone.Viewを継承した

■リスト1　ビューの定義

```
var ContactView = Backbone.View.extend({
  initialize: function() {
    console.log('ContactViewが初期化されました。');
  }
});
```

■リスト2　HTMLテンプレート

```
<script type="text/template" id="contact-template">
  <div>Name: <%= firstName %> <%= lastName %></div>
  <div>Email: <%= email %></div>
</script>
```

オブジェクトの定義です。`render()`メソッドには自身の保持するDOM要素を構築する処理を記述します。`render()`メソッドはBackbone.Viewで定義されていますが、その挙動は単に`return this;`で自身の参照を返す以外には何もしないので、開発者の側で具体的な実装を行います。メソッドチェーンが使えるように、戻り値として自身の参照を返すのが習慣になっています。

DOM構築の処理はすべて自分で書くことになるので、テンプレートエンジンも自分の好むものを使用できます。リスト3ではUnderscore.jsの`template()`メソッドを使用します。

リスト3には`$el`プロパティが登場しますが、これは自身が保持しているDOM要素への参照を示します。詳細は後述します。この段階では、このビューが内部で自動的に生成しているDOM要素を更新したという理解で大丈夫です。

リスト4のコードは、実際にモデルのインスタンスを生成し、それを使ったビューのインスタンス生成も行い、ビューが持つDOM要素のDOMツリーへの挿入を経て、ブラウザ上に要素を表示する例です。

リスト2～リスト4の処理を経て[注1]、ブラウザにモデルの内容を表示できます(図1)。

注1) `Contact`オブジェクトの定義は、第3章のリスト1を利用してください。

■リスト3　ビューの定義

```
var ContactView = Backbone.View.extend({
  render: function() {
    // HTMLテンプレートを取得する
    var template = $('#contact-template').html();

    // HTMLテンプレートにモデルのデータを適用する
    // モデルのtoJSON()メソッドを使って属性を
    // オブジェクトの形式で書き出す
    var html = _.template(template, this.model.toJSON());

    // 自身が保持しているDOM要素を更新する
    this.$el.html(html);

    return this;
  }
});
```

■リスト4　モデルとビューの生成

```
var contact = new Contact({
  firstName: 'Alice',
  lastName: 'Henderson',
  email: 'alice@example.com'
});

// 初期化時のmodelオプションに生成したモデルの参照を渡す
// Backbone.Viewは自動的にその定義内でその参照を
// this.modelに保持する
var contactView = new ContactView({
  model: contact
});

$(function() {
  // render()メソッドは生成したビュー自身を返すので
  // メソッドチェーンでビューが持つメソッドを続けて
  // 記述することができる
  contactView.render().$el.appendTo($(document.body))
});
```

■図1　Chromeでの実行例

```
Name: Alice Henderson
Email: alice@example.com
```

第4章 ビュー、コントローラの実装
Backbone.Viewによるモデルデータの表示、elプロパティ、DOMイベント

Column テンプレートに関するヒント

　HTMLテンプレートは、HTML内に記述するのではなく、JavaScript側のビューの定義内に含める方法もあります（**リストA**）。

　もう1つのヒントはテンプレートキャッシュです。これまでの例では簡便さを優先して注意を払いませんでしたが、render()メソッドを実行するたびに内容が同じテンプレートを何度もコンパイルしています。クラス変数にテンプレートのコンパイル結果をキャッシュすることで、テンプレートのコンパイル回数を最初の1回だけに抑えることができます。

　クラス変数の宣言は、extend()メソッドの第2引数に渡したオブジェクトの中で行います（**リストB**）。あとはrender()メソッドを、キャッシュがなければそれを作り、存在する場合には利用する処理に書き換えるだけです。

　クラス変数を紹介したので、クラスメソッドにも触れておきます。クラス変数と同じ要領でクラスメソッドも定義できます（**リストC**）。インスタンスを生成せずに直接呼び出したいメソッドはこの方法で定義し、**リストD**のように利用できます。

■リストA　ビューの定義にHTMLテンプレートを含める

```javascript
var ContactView = Backbone.View.extend({

  template: '<div>Name: <%= firstName %> <%= lastName %></div>' +
            '<div>Email: <%= email %></div>',

  render: function() {
    var html = _.template(this.template, this.model.toJSON());
    this.$el.html(html);
    return this;
  }
});
```

■リストB　テンプレートキャッシュの利用

```javascript
var ContactView = Backbone.View.extend({

  render: function() {
    // テンプレートキャッシュがなければ作っておく
    if (ContactView.templateCache == null) {
      ContactView.templateCache = _.template($('#contact-template').html());
    }

    // テンプレートキャッシュを利用してHTMLを生成する
    var html = ContactView.templateCache(this.model.toJSON());
    this.$el.html(html);
    return this;
  }
}, {
  templateCache: null
});
```

■リストC　クラスメソッドの定義

```javascript
var ContactView = Backbone.View.extend({
}, {
  isContactView: function(obj) {
    return onj instanceOf ContactView;
  }
});
```

■リストD　クラスメソッドの利用

```javascript
var contactView = new ContactView();
ContactView.isContactView(contactView);
// => true
```

elプロパティについて

先ほどの例で登場した el および $el プロパティについて説明します。

el（element）プロパティは、Backbone.Viewのインスタンスが管理するDOM要素の最上位である、ルート要素となるものです。$el プロパティはそれをjQueryオブジェクト化したもので、el プロパティが設定される際に一緒に保持されます。

jQueryの機能を利用するために、普段使うのは $el プロパティのほうが多いと思います。el プロパティは、ビューオブジェクトの定義中に含めるほか、初期化時に el オプションで渡すといった方法で設定します。指定がない場合には、Backbone.Viewが内部で自動的に生成します。

el プロパティを宣言する際には、jQueryセレクタを使ってHTML中のどの要素かを特定します。リスト5はビューの定義に宣言を含めた例です。リスト6はビューの初期化時に el オプションで渡す例です。どちらも挙動は同じです。

DOMツリー上に存在する要素を el プロパティに指定した場合には、render()メソッド内で el プロパティの内容を更新すれば、すでにDOMツリー上に存在している要素も更新されます。新しく要素が生成された場合には、まだDOMツリー上のどこにも要素は存在していないので、render()で el プロパティの更新を行った後にDOMツリー上の任意の場所へ挿入する必要があります。

Backbone.Viewが el プロパティに新しいDOM要素を生成する場合の挙動を追ってみましょう。

リスト2～リスト4の例で出力されたHTMLをよく見てみると、テンプレートにもJavaScriptにも記述されていないはずの`<div>`要素が、テンプレートの外側をラップする形で増えていることがわかります（例1）。これがBackbone.Viewが自動的に生成した要素であり、その際に el プロパティが参照している要素というわけです。

「勝手に`<div>`要素にされてしまうのか」と思うかもしれませんが、自動的に生成される el は細かく制御できます。これからその方法を紹介します。

タグ名の指定

ビューの定義に tagName プロパティを宣言しておくことで、生成される要素名を指定できます（リスト7）。

■リスト5　elプロパティの設定①

```
var ContactView = Backbone.View.extend({
  el '#contactView-container'
});
```

■リスト6　elプロパティの設定②

```
var contactView = new ContactView({
  el: '#contactView-container'
});
```

■例1　生成された`<div>`要素①

```
<div> <!-- Backbone.Viewの内部で自動的に作られた要素 -->
  <div>Name: Alice Henderson</div>
  <div>Email: alice@example.com</div>
</div>
```

■リスト7　タグ名の指定

```
var Paragraph = Backbone.View.extend({
  tagName: 'p'
});

var p = new Paragraph();
console.log(p.el.tagName);
// => 'P'
```

■リスト8　属性の指定

```
var ContactView = Backbone.View.extend({
  attributes: {
    'data-attribute': 'someData',
    'data-other-attribute': 'otherData'
  }
});
```

属性の指定

attributesプロパティにより、DOMの属性と値をオブジェクト形式で指定できます（リスト8）。

ContactViewの定義にattributesプロパティを加えることで、書き出されるHTMLは例2のように変化します。複数の指定も反映されていることがわかります。

クラス名の指定

classNameプロパティを使ってそれぞれid属性とclass属性を指定できます（リスト9）。

こちらもContactViewの定義に加えてみると、書き出されるHTMLは例3のようになります。

複数クラスの指定も可能です（リスト10）。

ID名の指定

idプロパティでid属性を指定できます。しかし、HTMLのid属性は一意であり、複数の生成が行われるインスタンスに対して1つの定義で対応するのは適した方法ではありません。そうした場合には、idプロパティに関数を指定しておく方法が有効です（リスト11）。

このようにすることで、要素にid属性を与える段階で関数の評価が行われ、その結果が属性値となります。たとえば、モデルが1というid属性値を持つ場合、例4のようなHTMLが出力されます。

プロパティに関数を指定して遅延評価してもらう方法は、idプロパティに限ったことではなく、tagNameやclassName、attributesプロパティでも同じことが可能です。

DOMイベント

Backbone.Viewには、DOMイベントに紐付けるコールバック関数を宣言的に指定するしくみがあります。内部ではjQueryの機能に頼っていますが、このビューはどのようなDOMイベントによって動くのかといった見通しが良くなりますし、宣言した内容は、Backbone.Viewがしかるべきタイミングで処理するので、実際の要素がすでに存在しているかどうかを気にかける必要もありません。さらに、イベントの監視を解除する場合も、Backbone.Viewの用意したしくみで確実に行うことができるので、基本的にはjQueryの機能を直接

■例2　生成された<div>要素②

```
<div data-attribute="someData" data-other-attribute="otherData">
  <div>Name: Alice Henderson</div>
  <div>Email: alice@example.com</div>
</div>
```

■リスト9　クラス名の指定

```
var ContactView = Backbone.View.extend({
  className: 'contact'
});
```

■例3　生成された<div>要素③

```
<div class="contact">
  <div>Name: Alice Henderson</div>
  <div>Email: alice@example.com</div>
</div>
```

■リスト10　複数のクラス名の指定

```
var ContactView = Backbone.View.extend({
  className: 'box box-contact'
});
```

■リスト11　ID名の指定

```
var ContactView = Backbone.View.extend({
  id: function() {
    // 評価の戻り値がid属性の値となる
    return 'contact-' + this.model.get('id');
  }
});
```

■例4　HTMLの出力例

```
<div id="contact-1">
  <div>Name: Alice Henderson</div>
  <div>Email: alice@example.com</div>
</div>
```

使うのではなくBackbone.Viewのしくみに沿って記述することを推奨します。

ここではTodo項目を表すモデルとビューを用意して説明します。

Todoモデルを定義します（リスト12）。

Todoモデルを扱うTodoViewを定義します（リスト13）。監視するDOMイベントは、eventsプロパティにオブジェクト形式で記述して宣言します。キーの部分に監視するイベント要素のセレクタ、値の部分にコールバックとして呼び出すインスタンスメソッド名を指定します。複数のイベントを登録することもできます。内部でjQueryの機能を使っているので、コールバックのしくみや対応するイベントの種類もjQueryと同じです。たとえば、コールバックが引数として受け取るイベントオブジェクトはjQueryのものになります。

初期化してDOMツリーへ挿入します（リスト14、図2）。

チェックボックスをクリックするたびに、コンソールに「チェックボックスがクリックされました。」という文字列が表示されます。

まとめ

本章までに、Backbone.jsでMVCのモデルに相当するModel、ビュー（一部はコントローラ）に相当するViewの基本的な使用方法を見てきました。次章では、ブラウザが参照するURLとアプリケーションの処理を関連付ける方法を説明します。

■リスト13　TodoViewビューの定義

```
var TodoView = Backbone.View.extend({

  template: '<label>' +
            '  <input class="toggle" type="checkbox">' +
            '  <span><%= title $></span>' +
            '</label>',

  events: {
    // '.toggle'セレクタで特定できる要素のクリックイベントを
    // 監視してtoggleCompleted()メソッドを呼び出す
    //
    // 内部ではthis.$el.on()が実行されている
    'click. toggle': 'toggleCompleted'
  },

  render: function() {
    var html = _.template(this.template, this.model.toJSON());
    this.$el.html(html);
    return this;
  },

  toggleCompleted: function(e) {
    // jQueryのしくみで動いているので引数eは
    // jQueryのイベントオブジェクトを参照している
    console.log('チェックボックスがクリックされました。');

    // コールバック関数のthisは現在のビューインスタンスを指す
    console.log(this instanceof TodoView);
    // => true
  }
});
```

■リスト12　Todoモデルの定義

```
var Todo = Backbone.Model.extend({
  defaults: {
    title: '',
    completed: false
  }
});
```

■リスト14　モデルをDOMツリーへ挿入

```
var todo = new Todo({ title: '牛乳を買う' });

var todoView = new TodoView({
  model: todo
});

$(function() {
  todoView.render().$el.appendTo($(document.body));
});
```

■図2　ブラウザ上に表示されたtodoViewのDOM要素

☐ 牛乳を買う

第4章 ビュー、コントローラの実装
Backbone.Viewによるモデルデータの表示、elプロパティ、DOMイベント

Column $(query)を避ける

　Backbone.ViewがDOMとの連携を行う役割を持つからといって、メソッドの中で`$('#some-element')`のように全体に対してjQueryメソッドを使用すべきではありません。必ずビューが`el`プロパティに保持している要素を起点として、その配下の要素にだけ関心を持つようなコードを書くべきです。

　el配下の要素を参照するには、`this.$el.find(query)`を使います。`this.$(query)`も同じ効果になるので、この書き方をすると楽になってよいでしょう（**リストa**）。

　なぜ`$(query)`をビューのメソッド内で使ってはいけないのか、もう少し説明します。

　Backbone.jsで役割を分担して、それぞれのオブジェクトが関心を持つ範囲を限定することで、コードに変更を加えたりバグの調査を行ったりする際に、「あの処理はこのオブジェクトの仕事だったな」といった具合にコードを追う際の見通しが良くなるという利点があります。

　それが、あるオブジェクトが自分の担当する領域外のことに手をつけてしまった場合には、「この処理はこのオブジェクトが責任を持って取り扱っているのだ」という了解が崩れてしまうのです。

　リストbに示すコードはそのような悪い例です。

　リストbの例で説明すると、`BadView`オブジェクトは`el`配下に保持しておらず、管轄外となる`$('.some-element')`に対する操作を行っています。このようなコードが存在すると、本来`this.$('.some-element')`を`el`配下に正しく保持しているオブジェクトが想定していない処理が発生してしまいます。

　今は悪い例として最初に見せてしまっていますが、実際に仕事上でこのような書き方が問題になる場合には、どこにこのようなコードが書かれているかわからないのになぜか想定外の処理が行われているという事象として現れてしまうことでしょう。そして当然、`this.$('.some-element')`を保持しているはずのビューオブジェクトにはそのような痕跡は何もないのです。

　もし他のビューが持っている要素を操作したい場合には、そのビューに対して、目的とする操作を行うメソッドを用意してもらってそれを呼び出すとよいでしょう。

　ただし、ビュー同士がお互いに参照し合うのも、ごちゃごちゃしてあまり良いことではありません。さまざまな方法があるかもしれませんが、こういったときは複数のビューに対する参照を保持し、その連携を仲介するオブジェクトを用意するのがよいと考えます。

　リストcは少し簡略化していますが、ビュー同士が直接参照し合わずに済むように、別のオブジェクトが関連するビューの間を取り持つようにした例です。このようにビューの仲介役も立てておくと、複数のビューから発生するイベントを状況に合わせて判定して、続く処理を呼び出していくといった設計にも便利です。

■リストa　良い例

```
// $()ではなくthis.$()を使用する
var GoodView = Backbone.View.extend({
  // ...

  select: function() {
    this.$('.some-element').addClass('is-selected');
  }
});
```

■リストb　悪い例

```
// ビューのメソッドが$()を使用して
// 本来の担当オブジェクトに任せるべき
// 要素の操作を担当領域外から行っている
var BadView = Backbone.View.extend({
  // ...

  onClickItem: function(e) {
    $('.some-element').addClass('is-selected');
  }
});
```

■リストc　仲介役のオブジェクトの利用

```
var controller = {

  showViews: function() {

    // ...

    var awesomeView = new AwesomeView({
      model: awesomeModel
    });

    var greatView = new GreatView({
      model: greatModel
    });

    // awesomeViewがclickイベントを発生したら
    // greatViewのselect()を呼び出す
    //
    // awesomeViewは内部でthis.trigger('click')を
    // 呼び出しているものとする
    awesomeView.on('click', function() {
      greatView.select();
    });

    // ...
  }
};
```

第5章

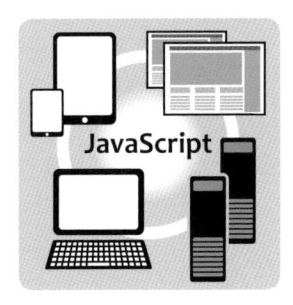

URLと処理を紐付ける ルーティングの基本

ページを遷移させずに処理を切り替える方法

Backbone.jsでは、Backbone.Routerによりルータを定義して利用します。ルータは、アクセスするURLと実行する処理を紐付けるコンポーネントです。本章では、指定したURLに応じた処理を実行するルーティングの基本を説明します。

Backbone.Routerとは

Backbone.Routerは、ブラウザが参照するURLとアプリケーションが行う処理の紐付けを行うコンポーネントです。

ページの遷移を伴わない画面の表示の切り替えを実装していると、アプリケーション上のある状態に対してブックマークをしたり、「戻る」「進む」といったブラウザのナビゲーション機能を使用できません。これに対して、URLの末尾に#（ハッシュ）を付けた文字列を付け足し、それを切り替えることでページの遷移を起こさずに状態の遷移を表現し、その遷移をブラウザのhashchangeイベントで捕捉するといった手法が以前から存在していました。

Backbone.RouterとBackbone.historyを組み合わせて使うことで、このしくみをBackbone.jsによって整理された形で利用できます。

Backbone.Routerオブジェクトの定義

これまで紹介してきたコンポーネントと同様に、Backbone.Routerの **extend()** メソッドを使ってBackbone.Routerの機能を継承したオブジェクト（ルータ）を作成します（リスト1）。**initialize()** メソッドによる定義もこれまでのコンポーネントと同じです。

Backbone.Routerに特有のものとして **routes** プロパティがあります。このプロパティにはルート（Backbone.RouterではURLの#以降の部分を指

す）とメソッドの紐付けを定義します。

たとえば、http://example.com/#products/1というURLをブラウザで開いた際に製品紹介の画面を表示したり、http://example.com/#user/johnというURLであればユーザ情報を表示するといった具合です。ルートと実行する処理のペアをルーティングと呼びます。

定義したBackbone.Routerを使ってみましょう（リスト2）。new演算子で初期化するのに加えて、Backbone.historyの初期化も行います。

Backbone.historyは、hashchangeイベントによる状態遷移の履歴を取り扱っており、Backbone.Routerで定義したルートに紐付けられたメソッドを呼び出す役割を持っています。Backbone.historyの初期化も済んでいないとBackbone.Routerに定義したルーティングが機能しないので、気をつけてください。

ブラウザ上でリスト1とリスト2のコードを実行し、URLの末尾に**#state1**、**#state2**のそれぞれを付加してアクセスしてみてください。コンソールにメッセージが表示され、ページの遷移は発生しないけれどhashchangeに反応して処理が実行されていることを確認できます。

さまざまなルーティング

ルーティングを行ううえで、ルートには単なる文字列だけではなくもっと柔軟なルールを設定できます。

/contacts/:idのように:(コロン)に続けて文字列を指定すると、contacts/123やcontacts/aliceなどのどのような文字列でもマッチするようになります(リスト3)。対応するメソッドではコロンに続く文字列のidという引数名で123やaliceといった値を受け取れます。

また、この派生として、/contacts/:id/editのように指定すると、:(コロン)と/(スラッシュ)の間の部分だけが任意の文字列を受け入れる形になり、contacts/123/editのようなURLへのアクセスに対する処理をルーティングとして定義できます(リスト4)。

引数として受け取る部分は、/search/:query/page:pageのように、1つのルートに対して複数含めることができます(リスト5)。

まとめ

本章までに、Backbone.jsの各コンポーネントと基本的な使い方を一通り説明してきました。次章以降では、これらのコンポーネントを利用してサンプルアプリケーションを作成していきましょう。

■リスト1　ルータの定義

```
var Router = Backbone.Router.extend({
  initialize: function() {
    console.log('初期化されました。');
  },

  // 例：http://example.com/#state1
  //     http://example.com/#state2
  routes: {
    'state1': 'state1',
    'state2': 'state2'
  },

  // http://example.com/#state1に
  // アクセスした場合に呼び出される
  state1: function() {
    console.log('state1');
  },

  // http://example.com/#state2に
  // アクセスした場合に呼び出される
  state2: function() {
    console.log('state2');
  }
});
```

■リスト2　ルータの利用

```
// ルータの初期化
var router = new Router();

// Backbone.historyの初期化
Backbone.history.start();
```

■リスト3　ルーティングの例①

```
var Router = Backbone.Router.extend({
  routes: {
    'contacts/:id': 'showContact'
  },

  showContact: function(id) {
    // contacts/123にアクセスすると
    // 123というログが残る
    console.log(id);
  }
});
```

■リスト4　ルーティングの例②

```
var Router = Backbone.Router.extend({
  routes: {
    'contacts/:id/edit': 'editContact'
  },

  editContact: function(id) {
    // ...
  }
});
```

■リスト5　ルーティングの例③

```
var Router = Backbone.Router.extend({
  routes: {
    '/search/:query/page:page': 'showSearchResult'
  },

  showSearchResult: function(query, page) {
    // ...
  }
});
```

コラム AngularJSとBackbone.js どちらを使うのがよい?

代表的なクライアントサイド JavaScriptフレームワーク

クライアントサイドの開発で使われるJavaScriptフレームワークには、Backbone.jsだけでなく、その他にも次のようなライブラリがあります。

- AngularJS URL https://angularjs.org/
- Knockout.js URL http://knockoutjs.com/
- Ember.js URL http://emberjs.com/

AngularJSと比較して

ここでは上記のフレームワークの中でも最近人気を高めている、AngularJSとの違いを見ていきたいと思います。AngularJSはBackbone.jsと比べると、より大きな範囲をカバーする機能群を備えたフレームワークです。

特徴的な機能の1つに双方向のデータバインディングがあり、UI操作によるデータの更新と、データの変更によるUIの更新は、AngularJSが内部で自動的に行います。Backbone.jsではこのようなしくみはイベントを駆使して自分で実装する必要があります。AngularJSの場合は、ごく簡単なしくみの場合に限りますが、JavaScriptのコードを一切書かずにこれが実現できてしまいます。

リスト1は、AngularJSの公式サイトに掲載されているサンプルコードです。これだけの記述で、テキストボックスに入力した文字列が即座に画面へ反映されるしくみを実装できます(図1)。

■リスト1　AngularJSのサンプルコード

```
<!doctype html>
<html ng-app>
  <head>
    <script src="https://ajax.googleapis.com/ajax/libs/angularjs/1.3.0-beta.13/angular.min.js"></script>
  </head>
  <body>
    <div>
      <label>Name:</label>
      <input type="text" ng-model="yourName" placeholder="Enter a name here">
      <hr>
      <h1>Hello {{yourName}}!</h1>
    </div>
  </body>
</html>
```

■図1　リスト1の実行結果

コラム　AngularJSとBackbone.jsどちらを使うのがよい？

ちなみに、Backbone.jsでもBackbone.stickitというプラグインを追加すれば双方向データバインディングのしくみ自体は取り込むことができます。ただし、ここまで自動的にあらゆる処理を実行してはくれません。

この例はほんの一端ですが、AngularJSは、ロジックを書かずとも非常に多くの仕事を裏側でこなしてくれます。

AngularJSのルールに従うということ

良い面と悪い面の両方につながる特徴として、AngularJSのルールに設計やコーディングのルールが強制されることが挙げられます。

AngularJSのルールに従っている限りは、これまでいくつかの準備が必要だった処理も少ない手順で実装できるため、自分で書くコード量も少なくなるでしょう。そして、「こういうときはこれを使ってこうする」というレールが強く敷かれているため、実装者によるコードの違いを吸収することも期待できます。

その半面、AngularJSのルールから外れたことをしようとすると、途端にその難易度は上がります。また、AngularJSの恩恵を十分に受けるためには、そのルールをしっかり把握しなければなりません。AngularJSが提供する機能はとても多く詳細にわたるため、JavaScript言語を書いているというよりもAngularJS言語を書いているという気分になることもあります。

学習コストはBackbone.jsと比べると、やはり高くなります。「普通のやり方は知っているけど、AngularJSでこれを行うにはどうすればよいのだろう」ということを調べる場面も多くあるかもしれません。しかし、それをある程度越えてしまえば、AngularJS独自のルールはコードを把握する助けにもなります。

これは好みの分かれるところかもしれませんが、

■リスト2　AngularJS用に記述したHTMLの例

```
<table class="table" ng-controller="NoteListCtrl">
  <thead>
    <th class="col-md-10">Title</th>
    <th class="col-md-2 text-right">
      <a href="#new" class="btn btn-primary btn-small">
        <span class="glyphicon glyphicon-plus"></span>
        New Note
      </a>
    </th>
  </thead>
  <tbody>
    <tr ng-repeat="note in notes">
      <td>
        <a href="#/notes/{{note.id}}">{{note.title}}</a>
      </td>
      <td>
        <div class="text-right">
          <a href="#/notes/{{note.id}}/edit" class="btn btn-default btn-sm">
            <span class="glyphicon glyphicon-edit"></span>
            Edit
          </a>
          <a href="#" ng-click="onClickDelete()" class="btn btn-danger btn-sm">
            <span class="glyphicon glyphicon-remove"></span>
            Delete
          </a>
        </div>
      </td>
    </tr>
  </tbody>
</table>
```

HTMLテンプレートにAngularJSが読み取るための属性などさまざまな記述が増えることになります。これについては、うまく設計できていればHTMLを見ただけでどのような機能が働いているコードなのかがひと目でわかるという利点にもつながります。

第6章～第8章で作成するサンプルアプリケーションのHTMLをAngularJS用に記述した例をリスト2に示します。

AngularJSから見たBackbone.js

ここでBackbone.jsについて振り返ってみると、AngularJSと比べた場合の学習コストの低さが際立ちます。Backbone.jsの全体像は、JavaScriptでオブジェクト指向を意識したプログラミングができればすぐにつかめてしまう程度の規模ではないかと思います。

その代わりに、Backbone.jsはAngularJSほどいろいろなことをやってはくれません。コード量は特に減りません。また、手間を省いて生産性がすぐに向上するといった効果を見込むためのものではないのです。

では、Backbone.jsを選ぶ理由に何があるかというと、「必要最低限しかないこと」であると考えています。

Backbone.jsは開発者の所作を妨げることはしません。設計の自由度は高く、どのような状況にあっても柔軟な対応が取りやすいです。ある目的を実現したい場合に、このフレームワークの作法に沿ってどうやればよいかということを考えるロスがないので、最短距離で目標に到達できるという印象があります。

自動的にいろいろなことをしてくれるライブラリではないため、単調なことを何度も繰り返していると感じる場面もあります。これはBackbone.jsの弱点になりますが、そういった場合には機能をまとめて共通化しておき、次回の効率化に役立てるといった人間側の工夫で対応していくことになります。または、多くの人が抱えるような問題にはおそらくそれを解消するプラグインが有志によって開発されていたりするので、それを導入するのも良い策です。

プラグインには、サンプルアプリケーションで導入したBackbone.LocalStorageや、先ほど挙げたデータバインディングのためのBackbone.stickit、より複雑で大規模な状況に対応するために多くの機能を追加したMarionette.jsやChaplinといったプラグインもあります。

本体そのものは小さく、その上で開発者が目的に合わせたカスタマイズをしていくように手軽に扱えるのがBackbone.jsの良さではないかと考えています。

第6章 [実践編]モデルを定義し、メモの一覧を表示する

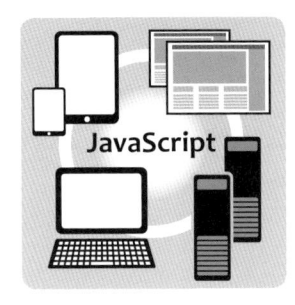

メモ帳アプリケーションの作成①

第6章～第8章では、第5章までで学んだことを活かしてサンプルとしてメモ帳アプリケーションを作成します。第6章では、作成するアプリケーションの概要を理解し、メモを表すモデルを定義して、一覧表示を行う機能を実装します。

メモ帳アプリケーションの作成

本章以降では、これまでに説明したBackbone.jsの機能を組み合わせた例として、メモ帳アプリケーションの作成を紹介していきます（図1）。本章ではまず、ダミーのJSONデータを渡したモデルをビューがブラウザにレンダリングするまでを説明します。

メモ帳アプリケーションの概要

このアプリケーションを使ってできることとして、次の機能を実装します。

- メモの新規作成機能
- メモの詳細表示機能
- メモの編集機能
- メモの削除機能
- メモの検索機能

内部的な仕様としては、次の手法で進めます。

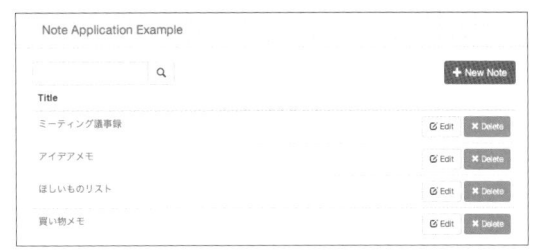

- メモはタイトルと本文を持つ
- 個別のメモを表すモデルと複数のメモを保持するコレクションを扱う
- 画面の切り替えにBackbone.Routerと#付きのURLによる**hashchange**イベントを利用する

使用するライブラリは次のとおりです。

- jQuery URL http://jquery.com/
- Underscore.js URL http://underscorejs.org/
- Backbone.js URL http://backbonejs.org/
- Backbone.LocalStorage URL https://github.com/jeromegn/Backbone.localStorage
- Bootstrap URL http://getbootstrap.com/

フォルダ構成は図2のとおりです。cssとfontsディレクトリはBootstrapからそのまま持ってきて利用します。BootstrapはTwitterが公開しているCSSフレームワークです。今回はこれを利用するのでCSSは新規に書きません。

■図1 作成するサンプルアプリケーションの画面

■図2 フォルダ構成

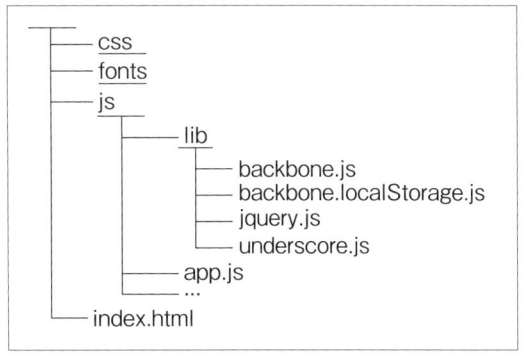

```
├── css
├── fonts
├── js
│   └── lib
│       ├── backbone.js
│       ├── backbone.localStorage.js
│       ├── jquery.js
│       └── underscore.js
│   ├── app.js
│   ...
└── index.html
```

HTMLの準備

まず、リスト1のHTMLを用意します。必要なCSS、JavaScriptライブラリの読み込み処理、アプリケーションの見た目の外枠となる部分のHTMLを記述します。

`<div id="header-container"></div>` と `<div id="main-container"></div>` という、内容が空の `<div>` 要素を記述していますが、ここにはBackbone.Viewで構築されたDOMが挿入されます。

名前空間の準備

アプリケーションが利用するJavaScriptの名前空間を決めておきましょう。このアプリケーションが利用する変数がグローバル空間に散らばってしまうと、どれがアプリケーションで利用している変数かわからなくなってしまいます。

js/app.jsというファイルを作ってそこで定義します（リスト2）。アプリケーションで使われるモジュールはこの名前空間の下に置きます。

HTMLへのスクリプトの読み込みも忘れずに記述しておきます（リスト3）。

Noteモデル

1つのメモを表すモデルを定義します。今回の例ではモデルは小さくシンプルなので、すべてjs/models.jsにまとめておくことにします（リスト4）。

`App.Note` にメモ用のモデルを定義します。属

■リスト1　index.htmlの準備

```html
<!DOCTYPE html>
<html lang="ja">
<head>
  <meta charset="UTF-8">
  <title>Note Application Example</title>
  <link rel="stylesheet" href="./css/bootstrap.css">
  <script src="./js/lib/jquery.js"></script>
  <script src="./js/lib/underscore.js"></script>
  <script src="./js/lib/backbone.js"></script>
  <script src="./js/lib/backbone.localStorage.js"></script>
</head>
<body>

  <div id="header">
    <div class="navbar navbar-default navbar-static-top">
      <div class="navbar-inner">
        <div class="container">
          <span class="navbar-brand">
            <a href="./index.html">
              Note Application Example
            </a>
          </span>
        </div>
      </div>
    </div>
  </div>

  <div id="main" class="container">
    <div id="header-container"></div>
    <div id="main-container"></div>
  </div>
</body>
</html>
```

■リスト2　名前空間の定義

```javascript
// js/app.js

window.App = {};
```

■リスト3　スクリプトの読み込み

```html
<!DOCTYPE html>
<html lang="ja">
<head>
    <!-- 省略 -->
    <script src="./js/app.js"></script>
</head>
<body>
<!-- 省略 -->
```

[実践編] モデルを定義し、メモの一覧を表示する
第6章 メモ帳アプリケーションの作成①

性にはタイトルを入れる`title`と本文を入れる`body`を用意しました。

`App.NoteCollection`ではメモのコレクションを定義します。`model`プロパティに管理するモデル定義の参照を記述する方法は、第3章で説明したとおりです。

今回は永続化のしくみにBackbone.LocalStorageを導入します。これはBackbone.jsの永続化処理を、サーバへの送受信ではなく、ブラウザのローカルストレージからのデータの出し入れに切り替えるプラグインです。

Backbone.LocalStorageを使うためには、少しだけ設定が必要です。コレクションの`localStorage`プロパティに対して初期化したBackbone.LocalStorageを設定します。引数にはブラウザのローカルストレージ内で保存のために使う名前を指定します。これで`NoteCollection`コレクションの中で管理される`Note`モデルはLocalStorageによって永続化されます。

HTMLにjs/models.jsも読み込んでおきます。

```
<script src="./js/models.js"></script>
```

ビューを管理するオブジェクトの準備

HTML内にある`<div id="header-container"></div>`や`<div id="main-container"></div>`に対して、Backbone.Viewで構築したDOMを配置していくことになります。こうしたDOMの挿入ポイントとなる要素を`el`に保持して管理するビューオブジェクトを用意しておくと便利です。

今回用意するビューの表示管理用オブジェクトに求める機能は次のとおりです。

- `div#main`のDOM要素を`el`に保持する
- 受け取ったビューを自身の`el`に挿入する
- 古いビューを適切に破棄する

js/container.jsという名前でファイルを作り、`App.Container`を定義します（リスト5）。汎用的に使いたいので、`el`プロパティは特に指定せずに初期化を行う段階で渡すようにします。

`show()`メソッドは、受け取ったBackbone.Viewインスタンスの`render()`メソッドを呼び出した後で、`el`が参照するDOMを自身の`el`に挿入してDOMツリーに加えることでブラウザへのレンダリングを行います。

このときに大事なことは、もし古いビューがあった場合にこれを適切に破棄することです。JavaScript

■リスト4　NoteモデルとNoteCollectionコレクションの定義

```
// js/models.js

App.Note = Backbone.Model.extend({
  defaults: {
    title: '',
    body: ''
  }
});

App.NoteCollection = Backbone.Collection.extend({
  localStorage: new Backbone.LocalStorage('Notes'),
  model: App.Note
});
```

■リスト5　App.Containerの定義

```
// js/container.js

App.Container = Backbone.View.extend({

  show: function(view) {
    // 現在表示しているビューを破棄する
    this.destroyView(this.currentView);
    // 新しいビューを表示する
    this.$el.append(view.render().$el);
    // 新しいビューを保持する
    this.currentView = view;
  },

  destroyView: function(view) {
    // 現在のビューを持っていなければ何もしない
    if (!view) {
      return;
    }
    // ビューに紐付けられている
    // イベントの監視をすべて解除する
    view.off();
    // ビューの削除
    view.remove();
  },

  empty: function() {
    this.destroyView(this.currentView);
    this.currentView = null;
  }
});
```

JavaScriptエンジニア養成読本　45

は、メモリ上の不要なオブジェクトを定期的に掃除するガベージコレクションというしくみを採用しています。しかし、イベントの監視や単なる参照といった関係をしっかりと切っておかないと、このオブジェクトがまだ使用中であると判断されてうまく掃除されません。

ここで単にjQueryの`html()`のようなメソッドでDOMを上書きしてしまうと、古いBackbone.Viewインスタンスや`$el`に保持するjQueryオブジェクト、そしてDOM要素の終了処理が行われずにメモリに残ってしまう可能性があります。

そのために`destroyView()`メソッドを用意して、`show()`メソッドを呼び出すたびにこれを実行して古いビューがメモリに残らないようにします。ビューのインスタンスにはさまざまなイベント監視が登録されていると思われるので、それを`view.off()`ですべてこちら側から解除してしまいます。そして`view.remove()`メソッドを呼び出します。`remove()`メソッドは、Backbone.jsの内部で`this.$el.remove()`と`this.stopListening()`を実行しているので、DOM要素の削除と、ビューのインスタンスが監視しているイベントの解除が行われます。

あとは、単に現在表示中のビューを破棄する`empty()`メソッドも用意しておくと便利でしょう。

container.jsも忘れずに読み込んでおきます。

```
<script src="./js/container.js"></script>
```

メモの一覧の表示

Noteモデルのコレクションを基にメモの一覧画面を作ります。ここでは、メモの一覧に並ぶそれぞれのメモ項目の情報を表示するビュー、そしてメモ項目をまとめる親ビューを作っていくので、少し長くなりますが順を追って説明していきます。

テンプレート

メモの一覧を表示するビューのためのテンプレートをindex.htmlに追記します。場所は、`<div id="main" class="container">...</div>`と`</body>`の間でよいでしょう。もちろん、ビューのjsファイル内に文字列で記述する方法でもかまいません。この例ではindex.htmlに記述するものとして進めます。

今回のメモ一覧は、`<table>`要素を使って表示します。個々のメモ情報は`el`に`<tr>`要素を持たせて列挙し、親ビューは`el`に`<table>`要素を持ち、自身の管理するDOM要素内の`<tbody>`に子ビューの要素を挿入します。

テンプレートも親ビュー用と子ビュー用が必要になるので、2つとも定義します。まず、リスト6が親ビューのテンプレートです。

親ビューのテンプレートには`<table>`要素が書かれていませんが、ビューのルート要素はBackbone.jsが`el`プロパティに自動的に生成するので、そちらに任せます。

CSSはすべてBootstrapのものを使用するので、`class`属性にはそれを使った装飾のための指定をします。

JavaScriptからアクセスする要素には識別用に`js-`の前置詞を付けたクラス属性値を指定します。

そして、リスト7が子ビュー用のテンプレートです。メモのタイトルを表す`title`属性を表示するために`<%= title %>`を埋め込みます。テンプレートエンジンにはUnderscore.jsの機能を利用するので、その記法に従います。

2つのテンプレートに置かれているボタンやリンクの類は、`#`を含むURLでルータを使った処理に回すこともできるように`<a>`要素で定義します。ボタンとリンクは合わせて4つあり、それぞれ次のような機能を後で実装します。

- [New Note]ボタンでメモの新規作成画面の表示
- メモのタイトルのクリックでメモの詳細の表示
- [Edit]ボタンでメモの編集画面の表示
- [Delete]ボタンでメモの削除

メモ一覧の項目のビュー

個々のメモ項目を表す子ビューを定義します。とりあえずはモデルの持つデータを表示できるようにしてみましょう。js/note_list_item.jsという

[実践編]モデルを定義し、メモの一覧を表示する
メモ帳アプリケーションの作成①
第6章

名前でファイルを作成してリスト8のコードを記述します。

まずはモデルが持っているデータを表示させたいので、今は`render()`メソッドだけ定義します。方法は以前にBackbone.Viewのテンプレートの使い方で説明したとおりです。`tagName`プロパティには`tr`を指定して、親ビューの`<tbody>`要素とうまくはまるようにします。

note_list_item.jsも忘れずに読み込みます。

```
<script src="./js/note_list_item.js"></script>
```

一度、ここまでのオブジェクトを使って動作を確認してみましょう。js/app.jsにリスト9の動作確認用のコードを記述して、ビューがモデルを受け取り、その内容をテンプレートに適用して表示できているかどうかを見てみます。

index.htmlをブラウザで開いてみて、図3のように表示されていれば大丈夫でしょう。`<body>`に`<tr>`要素を直接挿入しているので表示が少し変ですが、親ビューもこれからちゃんと用意するので大丈夫です。

確認ができたらjs/app.jsに書いた確認用のコードは消してしまってもかまいません。

メモ一覧のビュー

メモ一覧の親ビュー側も作っていきましょう。js/note_list.jsというファイルを用意してリスト10のコードを記述します。

こちらは親ビューとして子ビューの表示管理を行うために、少ししくみが多くなっています。詳細はコード中のコメントに示していますが、概要を述べるとBackbone.Viewのもともとの仕様に`renderItemViews()`メソッドを独自に追加しています。このビューに対しては次の役割を期待しています。

■リスト6　親ビューのテンプレート(index.html)

```html
<script type="text/template" id="noteListView-template">
  <!--
    メモ一覧を表示する<table>要素のためのテンプレート
    <table>要素自体はBackbone.Viewが生成する
  -->
  <thead>
    <th class="col-md-2" colspan="2">Title</th>
  </thead>
  <!-- この<tbody>要素配下に個々のメモ情報を挿入する -->
  <tbody class="js-noteListItemView-container"></tbody>
</script>
```

■リスト7　子ビューのテンプレート(index.html)

```html
<script type="text/template" id="noteListItemView-template">
  <!--
    個々のメモ情報を表示する<tr>要素のためのテンプレート
    <tr>要素自体はBackbone.Viewが生成する
  -->
  <td>
    <a href="#">
      <%= title %>
    </a>
  </td>
  <td>
    <div class="text-right">
      <a href="#" class="btn btn-default btn-sm js-edit">
        <span class="glyphicon glyphicon-edit"></span>
        Edit
      </a>
      <a href="#" class="btn btn-danger btn-sm js-delete">
        <span class="glyphicon glyphicon-remove"></span>
        Delete
      </a>
    </div>
  </td>
</script>
```

■リスト8　メモ一覧の項目のビュー

```javascript
// js/note_list_item.js

App.NoteListItemView = Backbone.View.extend({

  tagName: 'tr',

  render: function() {
    var template = $('#noteListItemView-template').html();
    var html = _.template(template, this.model.toJSON());
    this.$el.html(html);
    return this;
  }
});
```

特集1 複雑化するコードを構造化！ Backbone.jsで学ぶMVCフレームワーク［実践］入門

■リスト9　動作確認用のコード①（app.js）

```javascript
window.App = {};

$(function() {
  var note = new App.Note({
    title: 'テスト',
    body: 'テストです'
  });

  var noteView = new App.NoteListItemView({
    model: note
  });

  noteView.render().$el.appendTo($(document.body));
});
```

■図3　動作確認用コード①の実行─メモのタイトルの表示

■リスト10　メモ一覧のビュー

```javascript
// js/note_list.js

App.NoteListView = Backbone.View.extend({

  tagName: 'table',

  // Bootstrapの装飾を与えるために'table'クラス属性値を指定する
  className: 'table',

  initialize: function(options) {
    // Backbone.Collectionインスタンスを受け取る
    this.collection = options.collection;
  },

  render: function() {
    // テンプレートから自身のDOM構築を行う
    var template = $('#noteListView-template').html();
    this.$el.html(template);

    // 保持しているコレクションから子ビューを生成してレンダリングする
    this.renderItemViews();
    return this;
  },

  renderItemViews: function() {
    // 子ビューをappend()で挿入する地点を特定する
    var $insertionPoint = this.$('.js-noteListItemView-container');

    // コレクション内のすべてのモデルを取り出して
    // 個々のビューを生成し、親ビューのDOMツリーに挿入する
    this.collection.each(function(note) {
      var itemView = new App.NoteListItemView({
        model: note
      });
      $insertionPoint.append(itemView.render().$el);
    }, this);
  }
});
```

- App.NoteCollectionのインスタンスを受け取って保持する
- 受け取ったコレクションからApp.NoteListItemViewのインスタンスを生成して保持する
- render()メソッドを呼び出したら自身とすべての子ビューのDOM構築を行う

これも忘れずにindex.htmlに読み込みます。

```html
<script src="./js/note_list.js"> </script>
```

この親ビューの動きも試しておきましょう。先ほどjs/app.jsに書いた確認用コードを消して、リスト11のコードを記述します。

こちらもコメントで説明を補足していますが、行っていることは次の5点です。

[実践編] モデルを定義し、メモの一覧を表示する
メモ帳アプリケーションの作成①
第6章

- ダミーのNoteCollectionコレクションを初期化する
- メモ一覧の表示領域として使うためのApp.Containerビューを初期化する
- メモ一覧の親ビューであるNoteListViewを初期化する
- NoteCollectionコレクションに対してループ処理を行い、子ビューであるNoteListItemViewを初期化して親ビューのNoteListViewへ渡す
- App.Containerビューにメモ一覧の表示を依頼する

index.htmlを開くと図4の画面が表示されます。リスト11の確認用コードはしばらく残しておいて、次の機能の開発に利用します。

まとめ

本章では、メモ帳アプリケーションを作成するにあたり、モデルを定義し、一覧表示を行うところまで実装しました。次章では、メモの新規作成、削除、編集の機能を実装します。

■リスト11　動作確認用のコード②（app.js）

```javascript
window.App = {};

$(function() {
  // ダミーのNoteコレクションを生成する
  var noteCollection = new App.NoteCollection([{
    title: 'テスト1',
    body: 'テスト1です。'
  }, {
    title: 'テスト2',
    body: 'テスト2です。'
  }]);

  // メモ一覧のビューを表示する領域として
  // App.Containerを初期化する
  var mainContainer = new App.Container({
    el: '#main-container'
  });

  // コレクションを渡して
  // メモ一覧の親ビューを初期化する
  var noteListView = new App.NoteListView({
    collection: noteCollection
  });

  // 表示領域にメモ一覧を表示する
  // App.Containerのshow()は受け取ったビューの
  // render()を実行してDOM要素を自身のelに挿入する
  mainContainer.show(noteListView);
});
```

■図4　動作確認用コード②の実行－メモ一覧の表示

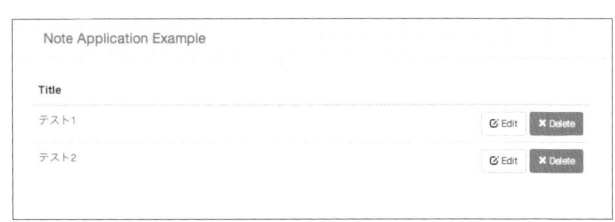

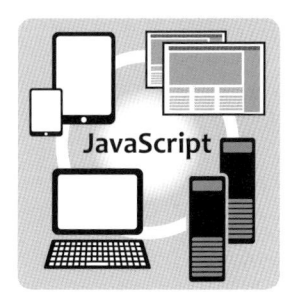

第7章 [実践編]メモの新規作成、削除、編集を行う

メモ帳アプリケーションの作成②

本章では、メモ帳アプリケーションに、メモの追加や削除、編集を行う機能を加えていきます。そのために、モデルに対するさまざまな操作や、ルーティングによる画面の切り替えなどについて説明します。

メモの削除

ダミーのデータとはいえメモの一覧を表示できたので、この状態を基に機能を1つ加えてしまいましょう。メモ一覧を削除するボタンを次の仕様で実装します。

- [Delete]ボタンを押したら対応するモデルを破棄する
- メモ一覧の表示を更新する

js/note_list_item.jsをリスト1のように更新します。initialize()、events、onClickDelete()の記述を加えた以外に変更はありません。

リスト1のコードを加えたらブラウザでページをリロードし、[Delete]ボタンを押して動作を確認してみましょう。メモ項目が画面上から消えていればうまく動いています。

これでユーザ操作によるイベント処理の1つ目を実装できました。少しアプリケーションっぽくなってきたのではないでしょうか。

■リスト1 メモ一覧の項目のビューの変更（note_list_item.js）

```
App.NoteListItemView = Backbone.View.extend({

  tagName: 'tr',

  initialize: function() {
    // モデルのdestroyイベントを監視して
    // Backbone.Viewのremove()メソッドを呼び出す
    this.listenTo(this.model, 'destroy', this.remove);
  },

  // [Delete]ボタンを監視して
  // onClickDelete()メソッドを呼び出す
  events: {
    'click .js-delete': 'onClickDelete'
  },

  render: function() {
    var template = $('#noteListItemView-template').html();
    var html = _.template(template, this.model.toJSON());
    this.$el.html(html);
    return this;
  },

  onClickDelete: function() {
    // モデルを削除する
    this.model.destroy();
  }
});
```

データの永続化

Noteモデルの削除が実装できたので、次は削除した状態が保存されるようにします。

先ほどの手順で生成しているダミーデータを、ローカルファイルへ保存する処理だけを加えます。そうしたら同じく先ほど実装した削除処理もまた、ローカルストレージに反映されているかを確かめてみましょう。

js/app.jsをリスト2のように変更します。これまでNoteCollectionコレクションに対して直接オブジェクトでダミーデータを渡していましたが、コレクションのfetch()メソッドを用いてデータの読み込みを試みるようにしています。

then()メソッドに渡しているコールバック関数でリクエスト後の処理を続けます。データがない場合にはinitializeNotes()関数を呼び出してダミーデータの生成を行い、コレクションの内容をreset()メソッドで更新します。initializeNotes()もコードを掲載します。

initializeNotes()関数はリスト3のように記述します。これまでのダミーデータと異なるのは、モデルをsave()メソッドで保存している点です。本来であればサーバにリクエストが行われますが、Backbone.LocalStorageによってここではブラウザのローカルストレージに保存されます。

まだ何も保存していないので、リスト2とリスト3のコードを記述して、ブラウザでリロードすると、initializeNotes()関数によってダミーデータが保存されます。

■リスト2　データの取得（app.js）

```
window.App = {};

var initializeNotes = function() {
  // 省略（リスト3）
};

$(function() {
  // NoteCollectionコレクションを初期化する
  // 後で別のjsファイルからも参照するので
  // App名前空間配下に参照を持たせておく
  App.noteCollection = new App.NoteCollection();

  // メモ一覧のビューを表示する領域として
  // App.Containerを初期化する
  // こちらも同様の理由でApp配下に参照を持たせる
  App.mainContainer = new App.Container({
    el: '#main-container'
  });

  // NoteCollectionコレクションのデータを受信する
  // （Backbone.LocalStorageを使用しているので
  // ブラウザのローカルストレージから読み込む）
  App.noteCollection.fetch().then(function(notes) {

    // もし読み込んだデータが空であれば
    // ダミーデータでコレクションの中身を上書きする
    if (notes.length === 0) {
      var models = initializeNotes();
      App.noteCollection.reset(models);
    }

    // 以降の処理は以前と同じ

    // コレクションを渡して
    // メモ一覧の親ビューを初期化する
    var noteListView = new App.NoteListView({
      collection: App.noteCollection
    });

    // 表示領域にメモ一覧を表示する
    App.mainContainer.show(noteListView);
  });
});
```

■リスト3　ダミーデータのローカルストレージへの保存

```
// ダミーのNoteモデルを生成する関数
var initializeNotes = function() {
  var noteCollection = new App.NoteCollection([{
    title: 'テスト1',
    body: 'テスト1です。'
  }, {
    title: 'テスト2',
    body: 'テスト2です。'
  }, {
    title: 'テスト3',
    body: 'テスト3です。'
  }]);

  // 作成したモデルはローカルストレージに保存する
  noteCollection.each(function(note) {
    note.save();
  });

  // この処理で作ったコレクションは一時的な用途であり
  // 必要なのは中身のモデルなのでモデルの配列を返す
  return noteCollection.models;
};
```

ブラウザでページをリロードして、「テスト1」～「テスト3」のタイトルが一覧に表示されているか、ブラウザのローカルストレージにデータが保存ができているか確認してみましょう。コンソールに`localStorage`と入力し、図1のように表示されれば、データが保存されています。

ローカルストレージの内容を削除するには、コンソール上で`localStorage.clear()`を実行します。

メモの詳細画面を表示するルーティング

次は、メモ一覧のタイトルをクリックしたら、その詳細画面が表示されるようにします。

メモの詳細画面用のビューとテンプレートが必要になるので、準備します。まず、index.htmlにテンプレートを追記します。タイトルと本文が表示されればよいので、リスト4のコードだけで大丈夫です。

ビューも定義します。js/note_detail.jsを作成してリスト5のように記述します。こちらもただ表示するだけなので、テンプレートを取得してモデルのデータを適用する処理を`render()`に記述するだけです。

index.htmlに読み込みます。

```
<script src="./js/note_detail.js"></script>
```

テンプレートとビューは準備できましたが、これをアプリケーション上で表示するための導線がまだありません。そこで、Backbone.Routerを使用して#notes/<メモのID>というルートに対してメモの詳細画面を表示するルーティングを実装します。

ルーティングの実装

まずは、テンプレートを少し修正して`<a>`要素のリンク先が#notes/<メモのID>という形になるようにします。index.htmlの個々のメモ項目用に用意したテンプレートの、メモタイトルを囲む`<a>`要素の`href`属性をリスト6のように書き換えて、メモごとの詳細画面につながるリンク先を書き出せるようにします。

`id`属性はこちら側では定義していませんが、Backbone.LocalStorageを使って保存されたモデルにはプラグイン側で自動的に付与されます。本来であれば`id`属性は`save()`の実行時のレスポンスとしてサーバ側から渡されるのがよいでしょう。

■図1 ブラウザのローカルストレージに保存されたデータの確認

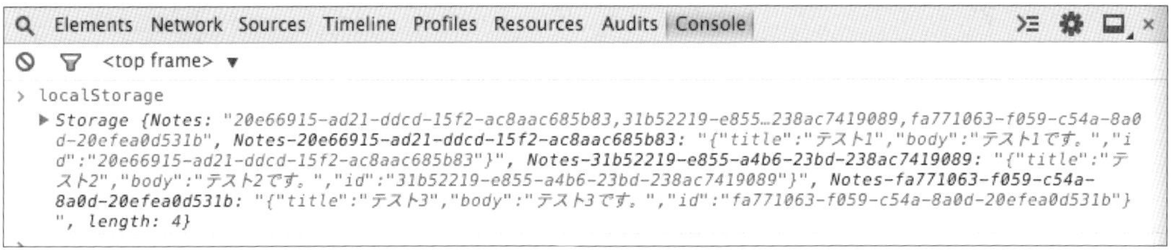

■リスト4 メモの詳細画面用のテンプレート（index.html）

```
<script type="text/template"
id="noteDetailView-template">
  <h2><%= title %></h2>
  <p><%= body %></p>
</script>
```

■リスト5 メモの詳細画面用のビュー

```
// js/note_detail.js

App.NoteDetailView = Backbone.View.extend({

  render: function() {
    var template = $('#noteDetailView-template').html();
    var html = _.template(template, this.model.toJSON());
    this.$el.html(html);
    return this;
  }
});
```

第7章 [実践編]メモの新規作成、削除、編集を行う
メモ帳アプリケーションの作成②

クライアント側で生成すると、重複する可能性があるためです。

`href`属性の内容が図2のように書き出されていることを確認します。

まだ、このリンクをクリックしてもロケーションバーのURLが変わるだけで他には何も起こらないので、ルーティングを追加していきます。

js/router.jsを作成してリスト7のように記述します。`routes`プロパティに`#notes/<メモのID>`へのアクセスを受け取るルートの宣言と、それに対応する`showNoteDetail()`メソッドを定義しました。js/app.jsではルータの初期化を行う変更を加えます。

router.jsもindex.htmlに読み込みます。

```
<script src="./js/router.js"></script>
```

js/app.jsでアプリケーションの初期化処理を行った最後に、`App.Router`を初期化する処理と`Backbone.history`の初期化処理を行います(リスト8)。これで先ほど定義したルーティングが働くようになります。

ブラウザをリロードしたらメモ一覧のタイトルをクリックしてみましょう。図3のように表示されればうまく動いています。

ここで、ブラウザの[戻る]ボタンを押してみてください。画面はそのままでURLだけが元に戻ってしまいます。それもそのはずで、メモ一覧画面を表示するためのルーティングをまだ定義していないからです。メモ一覧画面のルーティングも当然必要なので、次はこれを実装していきましょう。

■リスト6　メモタイトルのリンク先の変更(index.html)

```html
<script type="text/template" id="noteListItemView-template">
  <td>
    <a href="#notes/<%= id %>">
      <%= title %>
    </a>
  </td>

  <!-- 省略 -->
```

■図2　href属性へのメモのIDの書き出し

```
▼<tr>
  ▼<td>
      <a href="#notes/af339c66-bd7f-31ba-a250-be2db74e4b94">
        テスト1
      </a>
   </td>
  ▶<td>…</td>
 </tr>
```

■リスト7　ルーティングの追加

```javascript
// js/router.js

App.Router = Backbone.Router.extend({
  routes: {
    'notes/:id': 'showNoteDetail'
  },

  // ルーティングが受け取った:idパラメータは
  // そのまま引数名idで受け取れる
  showNoteDetail: function(id) {
    var note = App.noteCollection.get(id);
    var noteDetailView = new App.NoteDetailView({
      model: note
    });
    App.mainContainer.show(noteDetailView);
  }
});
```

JavaScriptエンジニア養成読本　53

メモ一覧画面を表示するルーティング

メモ一覧の画面はアプリケーションのデフォルトの画面ということにして、他のルーティングに一切マッチしなかった場合にこれを表示することにします。

js/router.jsを開いて**routes**の定義を**リスト9**のように変更します。

* (アスタリスク)で始まる構文は任意の文字列にマッチするので、単に***引数名**というルートを定義すれば、他のルーティングに引っかからないアクセスすべてに反応するデフォルトのルーティングを定義できます。

リスト10の**defaultRoute()**メソッドの定義を追加します。別途定義する**showNoteList()**メソッドを実行して、Backbone.Routerの**navigate()**メソッドを実行します。

navigate()メソッドは、**hashchange**イベントを発生させずにURLの更新だけを行います。ここではデフォルトの#付きURLを**#notes**に変更するために使用しています。これは、今回のアプリケーションでは、ヘッダのタイトルのリンク先であるindex.htmlなど、HTMLがレスポンスとして返るリンクをクリックしたときに通常のページ読み込みが発生してしまうからです。

このサンプルアプリケーションではすべての遷移をBackbone.historyによる履歴管理に統一したいため、URLもBackbone.historyが管理できる形にすべて揃えていきます。そのため、#付きでないアクセスや、マッチしない#付きURLへのアクセスが行われた場合でも、アプリケーション側で管理された#付きURLに差し替える処理をここで行います。

これに合わせて、index.htmlに記述しているアプリケーションのヘッダ部分のリンク先も**./index.html#notes**に変更します（**リスト11**）。

話を戻して、肝心の**showNoteList()**メソッドですが、これまでjs/app.jsに置いていたメモ一覧の表示処理があるので、これをrouter.jsに持ってくるだけで済みます（**リスト12**）。

コードを引っ越した後のapp.jsは、**リスト13**のようになります。

■リスト8　ルータの初期化処理の追加（app.js）

```
$(function() {
  App.noteCollection = new App.NoteCollection();
  // 省略
  App.noteCollection.fetch().then(function(notes) {
    // 省略
    App.mainContainer.show(noteListView);

    // ルータの初期化と履歴管理の開始
    App.router = new App.Router();
    Backbone.history.start();
  });
});
```

■図3　メモの詳細画面の表示例

```
Note Application Example

テスト1
テスト1です。
```

■リスト9　デフォルトのルーティング（router.js）

```
routes: {
  'notes/:id': 'showNoteDetail',
  '*actions': 'defaultRoute'
},
```

■リスト10　defaultRoute()メソッド（router.js）

```
defaultRoute: function() {
  this.showNoteList();
  this.navigate('notes');
},
```

■リスト11　ヘッダのリンク先の変更（index.html）

```
<a href="./index.html#notes">
  Note Application Example
</a>
```

■リスト12　showNoteList()メソッド（router.js）

```
showNoteList: function() {
  var noteListView = new App.NoteListView({
    collection: App.noteCollection
  });

  App.mainContainer.show(noteListView);
}
```

電脳会議 紙面版
新規購読会員受付中!
一切無料

『電脳会議』は情報の宝庫、世の中の動きに遅れるな!

今が旬の情報

電脳会議 Vol.129 技術評論社

『電脳会議』は、年6回の不定期刊行情報
頁オールカラーで、弊社発行の新刊・近
しています。この『電脳会議』の特徴は、
でなく、著者と編集者が協力し、その本の
やすく説明していることです。平成17年
超え、現在200号に迫っている、出版界で

楽しく挑戦 ［本格派］ 親切ガイド 自作パソコンの組み立て

～いまパソコンを自作するならCore2 Duoがオススメ!?

CMSの代表格「WordPress」の魅力とは？

Webデザイナーのための WordPress入門 3.x対応

ブクログ、使っていますか？

「情報リテラシー」向上ノススメ

新米IT担当者のための
ネットワーク構築&管理がしっかりわかる本

スマート名書入門

見つけたい、熱中できる男の趣味

鉄道模型作りを楽しむ

鉄道模型の楽しみ

やきもの作りを楽しむ

やきものの楽しみ

一服入魂 面打ち・仏像彫刻を楽しむ

注目！面打ち・仏像彫刻入門

釣り道具作りを楽しむ

釣り道具作りの楽しみ

庭づくりを楽しむ

[実践編]メモの新規作成、削除、編集を行う
メモ帳アプリケーションの作成②
第7章

これでメモ一覧を表示するルーティングが機能するようになるので、メモの詳細画面から［戻る］ボタンやヘッダのタイトル部分をクリックすると、ページの読み込みなしでメモの一覧画面に戻るようになります。

メモの新規作成機能の追加

次は新しいメモを作成する機能を追加していきましょう。仕様は次のように考えてみます。

- ［New Note］ボタンを押すと新規メモ画面が開く
- 新規作成したメモは保存できる
- 保存したらメモ一覧画面に戻る
- 画面はルーティングで切り替える

■リスト13　変更後のapp.js

```
// 省略
$(function() {
  App.noteCollection = new App.NoteCollection();
  App.mainContainer = new App.Container({
    el: '#main-container'
  });

  App.noteCollection.fetch().then(function(notes) {
    if (notes.length === 0) {
      var models = initializeNotes();
      App.noteCollection.reset(models);
    }

    App.router = new App.Router();
    Backbone.history.start();
  });
});
```

■リスト14　[New Note]ボタンのテンプレート（index.html）

```
<script type="text/template" id="noteControlView-template">
  <div class="row">
    <div class="col-sm-6">
      <!-- 後で検索欄を置く -->
    </div>

    <div class="col-sm-6 text-right">
      <a href="#new" class="btn btn-primary btn-small js-new">
        <span class="glyphicon glyphicon-plus"></span>
        New Note
      </a>
    </div>
  </div>
</script>
```

新規作成ボタンの設置

［New Note］ボタンがまだないので、まずはこれのHTMLテンプレートとビューオブジェクトの定義から行います。

リスト14のテンプレートをindex.htmlに追加します。メモの一覧を操作するUIの置き場所にして、検索欄も後で一緒に並べられるようにします。

新たにjs/note_control.jsファイルを作成し、リスト15のビューの定義を記述します。ボタンのテンプレートに`<a href="#new"...>`という記述があり、ルーティング処理によって新規作成画面へ切り替わるので、クリックのイベントを拾いません。イベント処理はのちのち、検索欄を設置し

■リスト15　[New Note]ボタンのビュー

```
// js/note_control.js

App.NoteControlView = Backbone.View.extend({
  render: function() {
    var html =
      $('#noteControlView-template').html();
    this.$el.html(html);
    return this;
  }
});
```

■リスト16　ビューの初期化処理の追加（app.js）

```
App.mainContainer = new App.Container({
  el: '#main-container'
});

// 初期化処理を追加する
App.headerContainer = new App.Container({
  el: '#header-container'
});
```

JavaScriptエンジニア養成読本　55

た際に追加します。

note_control.jsも読み込んでおきます。

```html
<script src="./js/note_control.js"></script>
```

UIの配置場所ですが、これまで使っていなかった`<div id="header-container"></div>`に置くことにします。そのため、この要素を管理する

App.Containerインスタンスの初期化も必要になります。

js/app.js内に`<div id="main-container"></div>`を渡して初期化しているコードがあるので、ここで一緒に初期化を済ませます（リスト16）。

次に、router.jsを開いてこのビューをレンダリングするメソッドを追加して、showNoteList()メソッド内でこれを呼び出します（リスト17）。

これで、メモを追加するための[New Note]ボタンが表示されます。しかし、このままではメモの詳細画面でもこのボタンが表示されたままなので、他の画面が表示される際には、定義しておいたApp.Containerのempty()メソッドを呼び出してビューを破棄するようにします（リスト18）。

新規作成画面の追加

あとは、メモのタイトルと本文を入力するためのフォームもほしいので、index.htmlにリスト19のテンプレートを記述します。このテンプレートは後で説明するメモの編集機能でも使いたいので、共用可能な作りにします。

具体的には、タイトルを入力する`<input>`と本文を入力する`<textarea>`に既存の属性値を表示するための`<%= title %>`と`<%= body %>`を埋め込んでいます。これらは新規作成時には使われません。

js/note_form.jsファイルを作成し、リスト20のコードを記述します。名前はNewNoteViewでもよいかもしれませんが、メモの編集機能と共用した

■リスト17　ビューの表示処理の追加（router.js）

```js
showNoteList: function() {
  var noteListView = new App.NoteListView({
    collection: App.noteCollection
  });

  App.mainContainer.show(noteListView);
  // メモ一覧操作ビューを表示するメソッドの
  // 呼び出しを追加する
  this.showNoteControl();
},

// メモ一覧操作ビューを表示するメソッドを追加する
showNoteControl: function() {
  var noteControlView = new App.NoteControlView();
  App.headerContainer.show(noteControlView);
}
```

■リスト18　ビューの破棄処理の呼び出しの追加（router.js）

```js
showNoteDetail: function(id) {
  var note = App.noteCollection.get(id);
  var noteDetailView = new App.NoteDetailView({
    model: note
  });
  App.mainContainer.show(noteDetailView);

  // メモの詳細画面ではボタンを消したいので
  // App.Containerのempty()メソッドを呼び出して
  // ビューを破棄しておく
  App.headerContainer.empty();
}
```

■リスト19　メモのタイトルと本文の入力フォームのテンプレート（index.html）

```html
<script type="text/template" id="noteForm-template">
  <form>
    <div class="form-group">
      <label for="noteTitle">Title</label>
      <input type="text" class="form-control js-noteTitle"
             id="noteTitle" value="<%= title %>">
    </div>
    <div class="form-group">
      <label for="noteBody">Body</label>
      <textarea class="form-control js-noteBody" rows="8">
        <%= body %></textarea>
    </div>
    <button type="submit" class="btn btn-default">Submit</button>
  </form>
</script>
```

いのでNoteFormViewという抽象的な名前にします。

submitイベントを検知したら読み取った入力値を持たせ、さらにsubmit:formイベントを発生させます。このイベントは後でjs/router.jsに定義したApp.Routerに捕捉させます。

note_form.jsも読み込んでおきます。

```
<script src="./js/note_form.js"></script>
```

新規作成画面のルーティング

ルーティングの定義を済ませれば新規作成の機能も完成です。新規作成用のボタンにはhref="#new"というルートを指定しているので、これに対応するルーティングを追加します。

js/router.jsを開き、newというルートにshowNewNote()メソッドを紐付けます（リスト21）。

これで、［New Note］ボタンを押すと、メモの新規作成画面が表示されます。タイトルと本文を入力して［Submit］ボタンを押せば、メモの一覧画面に作成したメモが表示されます。

メモの編集機能の追加

メモの新規作成機能を流用して編集機能も追加していきましょう。仕様も次のように、新規作成機能と似たものになります。

- ［Edit］ボタンを押すとメモの編集画面が開く
- 編集したメモは保存できる
- 編集をしたらメモの詳細画面に移る
- 画面はルーティングで切り替える

メモの編集画面は、新規作成機能の追加時に作ったNoteFormViewを流用

■リスト20　メモのタイトルと本文の入力フォームのビュー

```javascript
// js/note_form.js

App.NoteFormView = Backbone.View.extend({

  render: function() {
    var template = $('#noteForm-template').html();
    var html = _.template(template, this.model.toJSON());
    this.$el.html(html);
    return this;
  },

  events: {
    'submit form': 'onSubmit'
  },

  onSubmit: function(e) {
    e.preventDefault();
    var attrs = {};
    attrs.title = this.$('.js-noteTitle').val();
    attrs.body = this.$('.js-noteBody').val();
    this.trigger('submit:form', attrs);
  }
});
```

■リスト21　新規作成画面のルーティングの追加（router.js）

```javascript
App.Router = Backbone.Router.extend({
  routes: {
    'notes/:id': 'showNoteDetail',
    'new': 'showNewNote',
    '*actions': 'defaultRoute'
  },

  // 省略

  showNewNote: function() {
    var self = this;
    // テンプレートの<%= title %>などの出力を空文字列で
    // 空欄にしておくため、新規に生成したNoteモデルを渡して
    // NoteFormViewを初期化する
    var noteFormView = new App.NoteFormView({
      model: new App.Note()
    });

    noteFormView.on('submit:form', function(attrs) {
      // submit:formイベントで受け取ったフォームの
      // 入力値をNoteCollectionコレクションのcreate()に
      // 渡してNoteモデルの新規作成と保存を行う
      App.noteCollection.create(attrs);

      // モデル一覧を表示してルートを#notesに戻す
      self.showNoteList();
      self.navigate('notes')
    });

    App.mainContainer.show(noteFormView);
    // ［New Note］ボタンはこの画面では必要ないので
    // ビューを破棄しておく
    App.headerContainer.empty();
  }
});
```

するので、ここで行う作業はルーティングの追加のみになります。

index.htmlのテンプレートの[Edit]ボタンを囲む<a>要素のリンク先を #notes/<%= id %>/edit に書き換えます（リスト22）。

js/router.jsにこのルートを捕捉する定義を追加します（リスト23）。

新規作成機能のコードを流用できたので、少し楽に行えたのではないかと思います。このように、共通して使われそうな機能は抽象化して定義しておくと使い回しが利いて後の作業が楽になります。

まとめ

本章では、メモの新規作成、削除、編集を行うために、テンプレート、ビュー、ルーティングを追加することで、メモ帳アプリケーションの機能を増やしていきました。次章では、さらにメモの検索機能を追加します。

■リスト22　[Edit]ボタンのリンク先の変更（index.html）

```html
<a href="#notes/<%= id %>/edit" class="btn btn-default btn-sm js-edit">
  <span class="glyphicon glyphicon-edit"></span>
  Edit
</a>
```

■リスト23　編集画面のルーティングの追加（router.js）

```javascript
App.Router = Backbone.Router.extend({
  routes: {
    'notes/:id': 'showNoteDetail',
    'new': 'showNewNote',
    'notes/:id/edit': 'showEditNote',
    '*actions': 'defaultRoute'
  },

  // 省略

  showEditNote: function(id) {
    var self = this;
    // 既存のNoteモデルを取得してNoteFormViewに渡す
    var note = App.noteCollection.get(id);
    var noteFormView = new App.NoteFormView({
      model: note
    });

    noteFormView.on('submit:form', function(attrs) {
      // submit:formイベントで受け取ったフォームの入力値をNoteモデルに保存する
      note.save(attrs);

      // モデル詳細画面を表示してルートも適切なものに書き換える
      self.showNoteDetail(note.get('id'));
      self.navigate('notes/' + note.get('id'));
    });

    App.mainContainer.show(noteFormView);
  }
});
```

第8章 [実践編]検索機能を追加する

メモ帳アプリケーションの作成③

本章ではアプリケーションに機能をもう1つ加えて、メモの検索ができるようにします。検索ワードで抽出されたモデルをまとめるコレクションを別途用意する例、コレクションの内容の更新に合わせてビューの描画内容を更新する例、そしてその際に気をつけるべきメモリパフォーマンスについて解説します。

メモの検索機能の追加

メモの一覧画面に検索欄を設けてそこからタイトルを検索できるようにします。次のような仕様で実装していくことにします。

- 検索欄にキーワードを入力するとメモ一覧の表示が絞り込まれる
- #notes/search/検索ワードのようなルートを発行してブラウザの履歴やブックマークに対応する

まず、メモの新規作成ボタンを置いたビューに検索欄を追加しましょう。index.htmlを開いてテンプレートに`<form>`タグから始まる検索欄を追記します(リスト1)。

このテンプレートは、すでにjs/note_control.jsで定義した`App.NoteControlView`オブジェクトがレンダリングを担当しているので、これで少なくとも検索欄だけは画面に表示されるようになります。

`App.NoteControlView`には、`<form>`要素の`submit`イベントを監視する処理を追記します(リスト2)。ここでは、検索欄に入力されている文字列を取得したら、`trigger()`メソッドを呼び出して他のオブジェクトにユーザが検索を実行したことを伝えます。

この後に行われるであろう処理は、`Note`モデルのコレクションから検索ワードに該当するタイト

■リスト1 検索欄の追加(index.html)

```html
<script type="text/template" id="noteControlView-template">
  <div class="row">
    <div class="col-sm-6">
      <!-- 検索欄のHTMLの追加 -->
      <form class="form-inline js-search-form">
        <div class="input-group">
          <input type="text"
                 class="form-control js-search-query" name="q">
          <div class="input-group-btn">
            <button class="btn btn-default" type="submit">
              <i class="glyphicon glyphicon-search"></i>
            </button>
          </div>
        </div>
      </form>
      <!-- 検索欄のHTMLの追加 -->
    </div>

    <!-- 省略 -->
  </div>
</script>
```

ルのものを抽出してメモ一覧のビューに抽出結果を表示する処理です。このまま、`NoteControlView`に処理を続けさせてもよいかもしれません。しかし、UIや機能がこれからも増えていって調整すべき事柄が増えてくると、この末端のビューオブジェクトがこなすには煩雑すぎる事態になってしまいます。

そのため、`NoteControlView`の仕事は、「ユーザの検索操作によって起こるイベントを検出すること」、そして「検索ワードを取得して自身もイベントを発生させて他のオブジェクトに通知すること」と線引きをして、責任範囲をあらかじめ明確にしておきます。これはBackbone.jsを使ううえでの鉄則というわけではありませんが、たくさんのビューがアプリ内に登場する場合には、いくつかのビューをまとめる役を置くことは規模が大きくなっていくアプリケーションのコードを綺麗に保つために有効な方法の1つです。このサンプルアプリケーションでのまとめ役はjs/router.jsで定義した`App.Router`が担当しているので、このイベントを捕捉してもらいましょう。

js/router.jsを開いて、`showNoteControl()`メソッドの内容に先ほど`trigger()`メソッドで発生させるようにしたイベントを監視する処理を書き加えます（リスト3）。

`searchNote()`は、実際にコレクションから検索ワードによるメモの抽出を行って一覧画面の更新を行うメソッドです。詳細は後述します。

検索ワードによる絞り込みをかけた画面には個別の#付きURLを持たせたいので、`navigate()`メソッドで画面とURLを対応付けます。これにはルーティングの追加が必要になるので、`routes`プロパティも変更します（リスト4）。

`routes`プロパティには、`'notes/search/:query': 'searchNote'`のルーティングを追加します。`:query`のフレーズを使っているので、このパターンにマッチするURLに直接アクセスしてきた場合にも、ユーザが検索操作を行った場合と同じように、`searchNote()`メソッドに検索ワードの文字列が渡されます。

リスト5に`searchNote()`メソッドの実装を示します。`App.noteCollection`の`filter()`メソッドを呼び出して、検索ワードがタイトルに含まれるモデルの配列を変数`filtered`に受け取っています。コレクションではなくただの配列なので、扱いを間違えないように注意してください。`filter()`メソッドは以前に説明したようにUnderscore.jsの機能で、Backbone.

■リスト2　submitイベントの監視の追加（note_control.js）

```
App.NoteControlView = Backbone.View.extend({

  // フォームのsubmitイベントの監視を追加する
  events: {
    'submit .js-search-form': 'onSubmit'
  },

  render: function() {
    var html = $('#noteControlView-template').html();
    this.$el.html(html);
    return this;
  },

  // submitイベントのハンドラを追加する
  onSubmit: function(e) {
    e.preventDefault();
    var query = this.$('.js-search-query').val();
    this.trigger('submit:form', query);
  }
});
```

■リスト3　submit:formイベントの監視の追加（router.js）

```
showNoteControl: function() {
  var noteControlView = new App.NoteControlView();

  // submit:formイベントの監視を追加する
  noteControlView.on('submit:form', function(query) {
    this.searchNote(query);
    this.navigate('notes/search/' + query);
  }, this);

  App.headerContainer.show(noteControlView);
},
```

■リスト4　ルーティングの追加（router.js）

```
routes: {
  'notes/:id': 'showNoteDetail',
  'new': 'showNewNote',
  'notes/:id/edit': 'showEditNote',
  'notes/search/:query': 'searchNote',
  '*actions': 'defaultRoute'
},
```

[実践編] 検索機能を追加する

第8章 メモ帳アプリケーションの作成③

Collectionからは直接この機能を呼び出すことができます。

`filtered`が参照しているモデルの配列は、すでに定義してある`showNoteList()`メソッドに渡します。`showNoteList()`はもともと、`App.noteCollection`にある`NoteCollection`コレクションのインスタンスを参照してこれをすべて一覧化するメソッドでした。これを少し変更して、引数としてモデルの配列を受け取った場合には、そちらを優先して一覧表示するようにしましょう。

`showNoteList()`メソッドも変更します（リスト6）。少し仕事が増えていますが、ここでのポイントは、`filteredCollection`という変数名で持たせている一覧表示用に改めて初期化したコレクションです。`App.noteCollection`にすべてのモデルを保持させつつ、一覧表示用の`filteredCollection`を別途初期化しておくことで、一覧表示用のほうは`reset()`メソッドで保持するモデルを簡単に切り替えられるようになります。

`App.noteCollection`の`reset()`メソッドに検索で絞り込んだモデルの配列を渡してしまうと、絞り込みによって除外されたモデルはその参照を失って行方不明になってしまいます。そのため、検索するたびに一覧の項目が減っていき、検索していない通常の一覧画面に戻ったとしてもメモの一覧は空っぽのままになってしまいます。なぜなら2回目以降の検索対象は、前回絞り込み済みのコレクションになるからです。

そうした理由で、すべてのモデルを保持し続ける`App.noteCollection`とは別に、`App.noteCollection`から抽出したモデルを保持する`filteredCollection`を別途初期化しています。

一覧表示用の`filteredCollection`はこれからも使い回すので、`this.filteredCollection`へ代入してインスタンスに保持させます。

また、これまでルーティングによって画面を切り替える場合には、必ず`App.mainContainer`で表示中のビューを切り替えていました。今回は通常の一覧画面と検索結果画面では同じビューを使い回すので、無駄な初期化を行わないように、`App.mainContainer`が表示しているインスタンスが、あるオブジェクトから初期化したものかどうかを判定する`has()`メソッドを新たに作って、一覧画面と検索結果画面の間の遷移では初期化済みのビューを使い回せる処理にします。

js/container.jsを開いて`has()`メソッドを実装します（リスト7）。

これで、`App.NoteListView`のインスタンスを使用せず、メモの詳細

■リスト5　searchNote()メソッド（router.js）

```javascript
searchNote: function(query) {
  var filtered = App.noteCollection.filter(function(note) {
    return note.get('title').indexOf(query) !== -1;
  });
  this.showNoteList(filtered);
}
```

■リスト6　showNoteList()メソッドの変更（router.js）

```javascript
// 引数modelsを受け取るように変更する
showNoteList: function(models) {

  // 一覧表示用のコレクションを別途初期化する
  if (!this.filteredCollection) {
    this.filteredCollection = new App.NoteCollection();
  }

  // NoteListViewのインスタンスが表示中でないときのみ
  // これを初期化して表示する
  if (!App.mainContainer.has(App.NoteListView)) {
    // 初期化の際に一覧表示用のコレクションを渡しておく
    var noteListView = new App.NoteListView({
      collection: this.filteredCollection
    });
    App.mainContainer.show(noteListView);
  }

  // 検索されたモデルの配列が引数に渡されていればそちらを、
  // そうでなければすべてのモデルを持つApp.noteCollection
  // インスタンスのモデルの配列を使用する
  models = models || App.noteCollection.models;

  // 一覧表示用のコレクションのreset()メソッドに
  // 採用したほうのモデルの配列を渡す
  this.filteredCollection.reset(models);
  this.showNoteControl();
},
```

■リスト7　has()メソッドの追加（container.js）

```
App.Container = Backbone.View.extend({
  // 省略

  has: function(obj) {
    return this.currentView instanceof obj;
  }
});
```

■リスト8　resetイベントの処理の追加（note_list.js）

```
initialize: function(options) {
  this.collection = options.collection;
  // コレクションのresetイベントに応じてrender()を呼び出す
  this.listenTo(this.collection, 'reset', this.render);
},
```

■図1　メモの検索結果

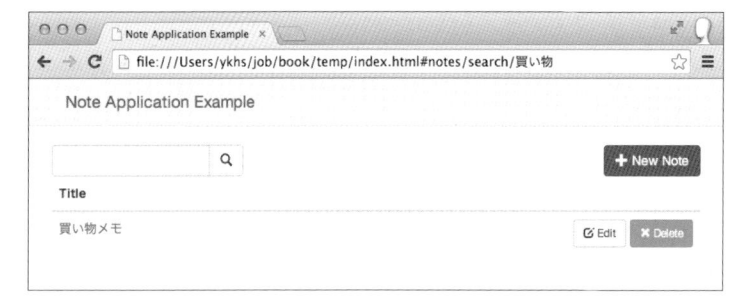

■図2　Chromeデベロッパーツールの［Profiles］パネル

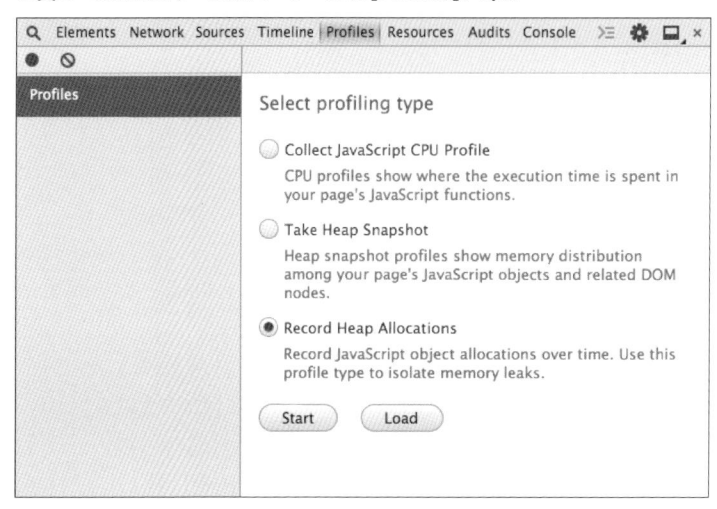

画面などから通常画面へ移動した場合などにおいてのみ、`App.NoteListView`のインスタンスが初期化されるようになります。初期化したインスタンスはこれまでと同じように、`App.mainContainer`の`show()`メソッドに渡します。

そして、引数`models`の有無によって使用するモデルの配列を判別した後に、`this.filteredCollection`の`reset()`に配列を渡します。あとは、`NoteListView`のインスタンスにコレクションの`reset`イベントを監視して`render()`につなげてもらうようにすれば、ひとまず一覧の絞り込み表示という挙動は実現できます。

js/note_list.jsを開いて、`reset`イベントに応じて`render()`を呼び出すように追記します（リスト8）。これでメモの一覧画面で検索機能が働くようになります。図1では、URLが検索結果用のものに変更され、一覧画面での絞り込みも行われています。

古いインスタンスの適切な破棄

これで検索機能も働くようになりましたが、まだやることはあります。それはメモリリークの解消です。

試しにChromeのデベロッパーツールを開き、［Profiles］パネルにおいて［Record Heap Allocations］を実行した状態で、一覧画面と検索結果画面を行き来してみてください（図2）。ブ

第8章 [実践編]検索機能を追加する
メモ帳アプリケーションの作成③

ラウザの履歴が利くので、[戻る]と[進む]を適当に十数回繰り返してみると楽です。

その後に集計結果を見てみると、その中にHTMLTableRowElementという項目を見つけることができます[注1]（図3）。実はこれがメモリから掃除されずに残っているDOMです。コレクションに対して`reset()`でモデルの配列を更新した際、`NoteListView`が表示を更新して使われなくなった古いDOMが残ってしまっているということなのです。

なので、`NoteListView`のインスタンスが一覧を表示する際に古い子ビューがある場合には、きちんと片付けておく処理を加えておきましょう。

js/note_list.jsを開いて、`render()`メソッドと`renderItemViews()`メソッドの処理を変更し、`removeItemViews()`メソッドを追加します（リスト9）。ポイントとなるのは、子ビューのそれぞれに対して`remove()`メソッドを後で呼び出せるように、`this.itemViews`に参照を保持しているところです。

具体的には、`renderItemViews()`メソッド内で子ビューをレンダリングするときに`this.collection.map()`を呼び出し、そのコールバック関数内の`return itemView`によって、`this.itemViews`に子ビューの配列が保持されるように

します。`map()`はUnderscore.jsの機能で、配列内のすべての要素にアクセスするコールバック関数内で`return`した値を配列にまとめて返します。

このように`this.itemViews`に子ビューの参照を保持しておけば、あとは適切なタイミングで子ビューを破棄できるようにするだけです。このサンプルアプリケーションでは、`render()`の冒頭の処理として行うとよいでしょう。すべての子ビューを破棄する`removeItemViews()`を追加して、`render()`メソッド内から呼び出します。

`removeItemViews()`は、`this.itemViews`配列に格納されている各子ビューの`remove()`メソッドを呼び出します。ここではUnderscore.jsの`_.invoke()`を使用しました。`_.each()`を使ってメソッドを呼び出すだけであれば、`_.invoke()`を使うとコードがすっきりします。

メモリ対策を行った後に[Record Heap Allocations]を実行した結果を図4に示します。HTMLTableRowElementが破棄されており、メモリの使用量も減っていることがわかります。

Backbone.jsを使用する場合に限りませんが、従来型のいわゆるページ遷移を行わずに状態を次々と切り替えていくアプリケーションを作っているときには、こうしたことに気を配っていないと、規模が大きくなるにつれ操作中の反応が鈍くなっていくといった問題の発生につながってしまいます。ぜひメモリにも優しいコードを書くことを心掛けてください。

注1）この例では一覧画面と検索結果画面を20回往復しました。HTMLTableRowElementが大量にメモリ上に残っていることがわかります。

■図3 [Record Heap Allocations]の実行結果

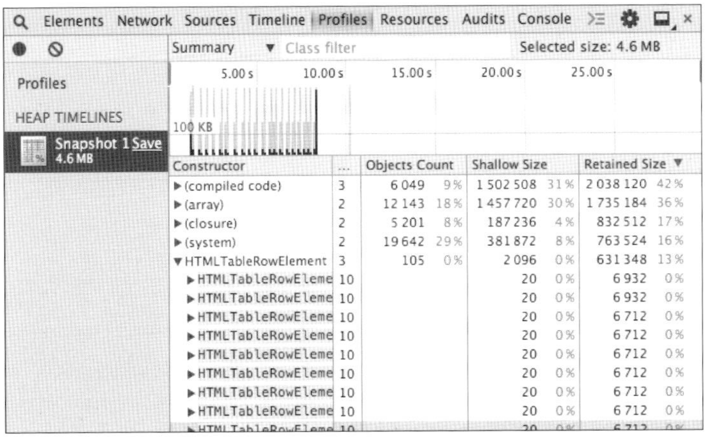

まとめ

これで予定していた機能のすべてを実装できました。メモの一覧表示、詳細表示、新規作成と削除と編集、それから検索もできて、それぞれの状態は#付きのURLで履歴管理もできるはずです。

本特集でのサンプルアプリケーション作成の解説はここで終わります。Backbone.jsは束縛が少ないフレームワークであるため、今回紹介した設計やコードもほんの一例にすぎません。Web上の記事なども広く見渡してさまざまな手法に対して知見を得ることをお勧めします。

■リスト9　古いインスタンスを適切に破棄する処理の追加（note_list.js）

```javascript
render: function() {

  // this.$el.html()が呼び出される前に古いビューを破棄しておく
  this.removeItemViews();

  // 省略
},
renderItemViews: function() {
  var $insertionPoint = this.$('.js-noteListItemView-container');

  // 後で適切に破棄できるように子ビューの参照を保持しておく
  this.itemViews = this.collection.map(function(note) {
    var itemView = new App.NoteListItemView({
      model: note
    });
    $insertionPoint.append(itemView.render().$el);
    return itemView;
  }, this);
},

// すべての子ビューを破棄するメソッドを追加する
removeItemViews: function() {
  // 保持しているすべてのビューのremove()を呼び出す
  _.invoke(this.itemViews, 'remove');
}
```

■図4　メモリ対策後の[Record Heap Allocations]の実行結果

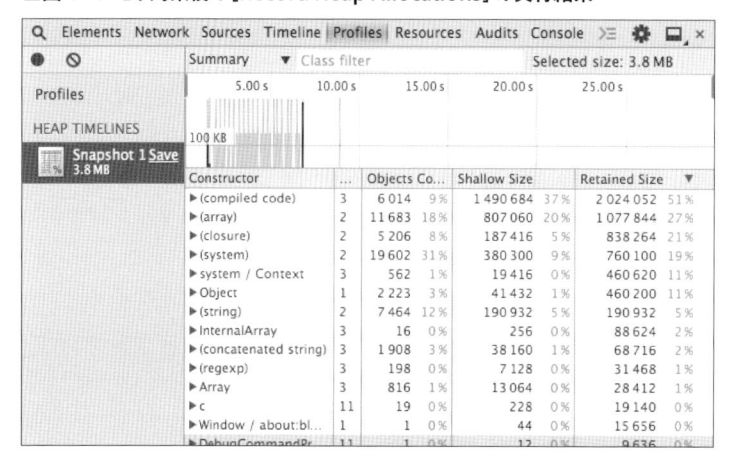

特集2

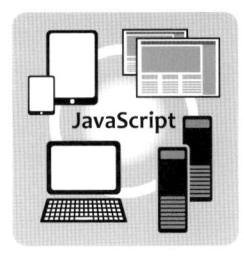

高品質なアプリケーション開発を実現
[シングルページ時代の大規模開発を支えるAltJS] CoffeeScript入門

本特集では、JavaScript代替言語であるAltJSの代表格、CoffeeScriptを取り上げます。
近年のフロントエンド開発の現場では、HTML5によるブラウザの多機能化によって、JavaScriptの責務が増え、シングルページアプリケーションの需要が増大し、機能性、速度の両面からJavaScriptで書くコード量が増大しています。CoffeeScriptは、JavaScriptがヘビーユースされる時代にふさわしいパラダイムを提示し、受け入れられてきました。
本特集の目的は、CoffeeScriptを用いて、プロダクションレベルの実践的なアプリケーションを設計できるようになることです。生成されたJavaScriptコードの解説を通じ、なぜこのようなコードが出力されるかを考えることで、JavaScriptに対する理解を深めることにも役立ちます。CoffeeScriptで設計する際でも、JavaScriptを意識せず、CoffeeScriptで考え、設計できるようになるのが、CoffeeScriptを使うにあたって理想的な状態だと言えるでしょう。

竹馬 光太郎　CHIKUBA Koutaro　Twitter：@mizchi

第1章　CoffeeScriptファーストステップ
基本機能の紹介と開発環境の準備

第2章　CoffeeScript文法入門
簡易な文法と一貫したコーディングスタイルを理解しよう

第3章　実践デザインパターン
CoffeeScriptでわかりやすいコードを書くために

第4章　開発環境の整理
便利なツールと代表的なディレクトリ構造

Appendix　最適なAltJSの選び方[TypeScript vs. CoffeeScript]
そもそもなぜAltJSが普及したのか

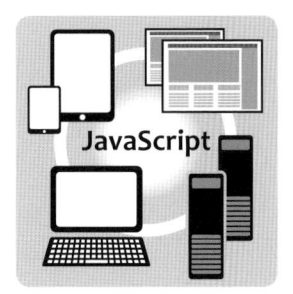

第1章 CoffeeScript ファーストステップ
基本機能の紹介と開発環境の準備

本章ではCoffeeScriptの概要を解説します。実績やメリット／デメリット、新機能を紹介した後、CoffeeScriptを使うための準備を行います。

CoffeeScriptとは

CoffeeScriptは、JavaScriptコードを生成することに特化したトランスレータ言語で、The New York TimesのエンジニアであるJeremy Ashkenas氏（@jashkenas）によって、2009年から開発されています。Ashkenas氏は、特集1で解説したBackbone.jsやUnderscore.jsの作者でもあります。

CoffeeScriptはRubyやPythonなどの軽量言語に由来する簡易な文法を持ち、かつJavaScriptにおいて問題になりがちな文法を排除することで、JavaScriptのベストプラクティスを自然に扱えるような一貫性をもたらす言語としてデザインされています。

CoffeeScriptのようにJavaScriptコードを生成する言語を、**AltJS**（JavaScript代替言語）と呼びます。CoffeeScriptはここ2、3年のAltJSブームの火付け役になったプロジェクトであり、かつ実践を経て十分に枯れた生き残りの中の最有力の1つです。

御託はいいから、さっさと主要な機能を教えてという方は、本章を飛ばして第2章の文法の解説を、すでに一通りの文法は知っていてプラスワンを求める方は第3章のデザインパターンから読み進めるとよいでしょう。

CoffeeScriptの実績

CoffeeScriptは、GitHubやRailsなど、主にRubyを使っていたコミュニティからの支持が厚いようです。CoffeeScriptとRubyは文法が似ていることも影響していると思われます。

たとえば、GitHubは「JavaScript Styleguide」で「新しく書くJSはCoffeeScriptに」と、書いています。

CoffeeScriptで書かれた有名なリポジトリをいくつか挙げます。

- CoffeeScript：CoffeeScriptで書かれてセルフホストされている
- Atom：GitHub製のオープンソースのエディタ
- Hubot：ボットフレームワーク
- Chaplin.js：Backbone.js拡張のMVCライブラリ

どちらかというと、コード量の小さいライブラリでの採用が多い気がします。他のAltJSにはない小回りの良さが持ち味だと認識されているようです。他にもGruntやgulp.js[注1]の設定ファイルだけをCoffeeScriptで書くプロジェクトも見たことがあります。

注1) Grunt、gulp.jsについては、特集3を参照。

基本的な哲学
—CoffeeScriptが選んだもの

まずメリット／デメリットを通して、「CoffeeScriptは何なのか」という基礎をつかみましょう。

CoffeeScriptのメリット

CoffeeScriptのメリットを次に示します。

- 記述量が大幅に減る—半分から1/3に
- 実績があり、枯れている
- オブジェクト指向と相性が良い
- JavaScriptからの移行コストが小さい
- ランタイムコードがほぼゼロで、出力コードが小さい

JavaScriptに近く、枯れているというのが大きなメリットです。また、問題に遭遇したとしてもググれば誰かが解決してくれるという期待感が持てる点は、他のAltJSと比べたときの大きなメリットです。

CoffeeScriptのデメリット

デメリットは次のとおりです。

- コンパイルが必要なので実行パスが複雑である
- モジュールシステムを持たない
- （他のAltJSと比べて）大きなパラダイムが導入されるわけではない
- ES3（ECMAScript 3）互換性を重視し、ES6（ECMAScript 6）以降の機能に対しやや保守的である

◆実行パスが複雑

実行パスが複雑であることは、BrowserifyやGruntなどのビルドタスクを使う際に問題になりがちです。しかし、CoffeeScriptのライブラリとしての取り回しの良さと、これもまたユーザの母数の大きさによって、問題になるようなケースでは誰かが解決してくれるという期待を持ってよいと思います。

◆モジュールシステムを持たない

モジュールシステムがないのは通常のJavaScriptと同様の問題ですが、RequireJSやBrowserifyを使うことが一般的になりつつあります。その使用方法については第3章で述べます。

◆大きなパラダイムが導入されているわけではない

あくまでJavaScriptをより書きやすくするための拡張言語です。他の言語をベースとしたAltJSが持つようなパラダイムを導入するわけではありません。

最も大きな変更としてクラス記法の導入により、オブジェクト指向的なプログラムが書けるようになりますが、それはJavaScriptでもイディオムとして実装可能なものです。だいぶ書きやすくしてくれるものではありますが。

◆ES3互換重視で保守的

目立つものでは、ES5（ECMAScript 5）における`{get foo: function(){...}}`のようなgetter/setter記法がありません。`Object.defineProperty()`を使ってくださいとアナウンスされています。

ES6の`yield`式によるジェネレータも、CoffeeScript v1.7.1時点では表現できません。ES6のモジュールや他の機能もしばらくは導入される予定がなさそうです。

生成コードは「良いパーツ」

CoffeeScriptの生成するJavaScriptには、次のような特徴があります。

- `var`宣言をスコープの冒頭にまとめる
- グローバル汚染を避けるために関数スコープを使う
- 著しくパフォーマンスを損ねる`with`は使わない（構文レベルで提供しない）
- 同値比較にあいまいな`==`を使わず、`===`を使う
- 即時関数式は使うが、スコープ内で参照の巻き

上げを起こす関数宣言式は避ける

CoffeeScriptはJavaScriptの拡張ですが、すべてのJavaScriptコードをCoffeeScriptコードとして解釈できるわけではありません。つまり、JavaScriptコードをそのまま実行できないということです。これは記述量を減らす目的もありますが、JavaScriptの「悪いパーツ」を隠蔽するために、文法レベルでの制限が存在します。

基本的には「JSONの発明者」であるDouglas Crockford氏の『JavaScript: The Good Parts──「良いパーツ」によるベストプラクティス』注2に従うと言ってよいでしょう。JavaScriptの名著なので一読を推奨します。

詳しくは次章においてCoffeeScriptコードと生成されたJavaScriptコードの比較で解説しますが、これらの方針を念頭に置いておくと、生成コードに対する理解が早いかもしません。

CoffeeScriptコードは、基本的にJavaScriptコードと一対一に変換され、習熟すれば変換後の

注2) オライリー・ジャパン、2008年、ISBN978-4-8731-1391-3

JavaScriptコードを予想することはそう難しくありません。とはいえ、一部の機能を達成するために、読みやすいとは言えないコードが生成される箇所も多々あります。これに関しては言語設計上のトレードオフであり、次項の機能を達成するために、どうしても必要となったものです。

CoffeeScriptが提供する新機能

これらを踏まえ、CoffeeScriptが新たに提供する機能は次のものです。

- インデントブロック
- 関数呼び出しの括弧の省略
- 関数ブロックの暗黙のreturn
- 値を返す制御構文式(if、for、whileなど)
- 配列のレンジ式
- クラス式
- パターンマッチ的な分割代入

これらは他の言語から輸入されてきた機能です。作者のJeremy Ashkenas氏いわく、Ruby、Python、Haskellに影響を受けたとのことです。

CoffeeScriptらしさを感じてみよう

ここまでで概要を示しましたが、コードが1行も出なくてムズムズしてきた方もいるかもしれません。まず1つ「習うより感じろ」ということで、「CoffeeScriptらしい」コードの例を示します。CoffeeScriptで特集1の第4章で取り上げた

■リスト1　CoffeeScriptでBackbone.Viewを扱う

```coffeescript
class HomeView extends Backbone.View
  initialize: ({@message}) ->
    super
    @model ?= new Backbone.Model {@message}
    @render()

  render: =>
    {message} = @model.toJSON()
    @$el.html """
      <h1> #{message} </h1>
    """

homeView = new HomeView
  message: 'Hello!'
  el: 'body'
```

Column

CoffeeScriptという主張

開発の現場で実際に使わないとしても、CoffeeScriptについて理解を深めることは、あなたのJavaScriptコーディングに間違いなく良い影響をもたらすでしょう。プログラミング言語というのは、たいてい、1つの「系」を提示します。CoffeeScriptの提示する「系」は、JavaScriptでどの機能をベストプラクティスとして使うべきか、何が使いやすくあるべきか、何を使ってはいけないかという1つの強烈な主張ととらえることもできます。CoffeeScriptが広く受け入れられたのは、この「系」が強く支持されたからだと筆者は認識しています。

たとえば、function(x){...}が(x) ->で表され、暗黙のreturnを持つのは、短い関数をつなげる操作を誘発し、JavaScriptが本来は関数型言語のSchemeにインスパイアされて開発された事実を、JavaScriptコミュニティに思い出させました。Ashkenas氏が開発したUnderscore.jsにもその主張が現れています。

CoffeeScript ファーストステップ
基本機能の紹介と開発環境の準備　第1章

Backbone.Viewを扱うなら、筆者ならリスト1のように書きます。

リスト1のコードが何を行っているかを解説します。

- Backbone.Viewを継承したHomeViewクラスを定義する
- initialize()メソッドの引数でmessageをパターンマッチし、それをthisプロパティに代入する処理を省略して表現している
- @はthisのエイリアスである
- superによる親プロトタイプチェーンをたどって関数を呼び出す
- this.modelがnullかundefinedである場合、modelを初期化する
- {@message}は、{message: this.message}と解釈されるオブジェクトリテラルの省略形である
- render()メソッドでは、同じく分割代入でmessageを取り出す
- 複数行文字列構文と文字列中への値埋め込みで展開した文字列を自分自身のHTML要素として展開する

この例が、若干「わざとらしい」コードであることは否定しません。しかし、正しくコンパイラをパスして実行可能なコードです。JavaScriptの面影は、ほとんど残っていませんね。

このようなコードは、オブジェクト指向言語でGUIアプリケーションを作ったことがあれば既視感を覚えるかもしれません。逆にJavaScriptとしては、専用のライブラリのモジュール機構を通してしか実現できなかったコードのようにも見えます。CoffeeScriptは、言語機能としてクラス構文を提供することで、アプリケーション内で一貫したデザインパターンを示し、ライブラリが提供していたコンポーネント化の責務を軽減できます。

これはあくまで1つの例です。もっとJavaScriptに寄せて書くこともできますし、中にJavaScriptをそのまま埋め込む構文もあります。もちろん、ここで書いてない機能もたくさんあります。

準備編

ここからはCoffeeScriptの環境構築について解説します。

■例1　coffeeコマンドのヘルプ

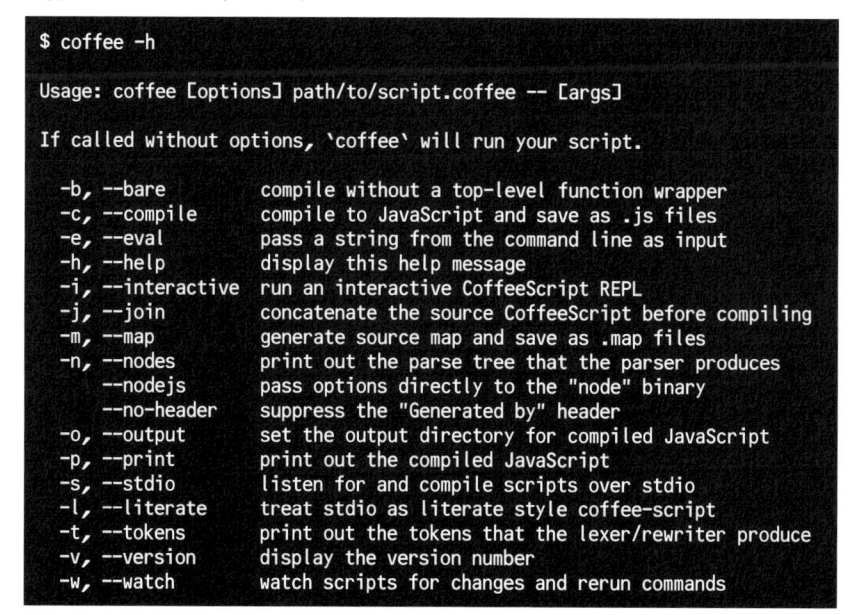

```
$ coffee -h
Usage: coffee [options] path/to/script.coffee -- [args]

If called without options, `coffee` will run your script.

  -b, --bare         compile without a top-level function wrapper
  -c, --compile      compile to JavaScript and save as .js files
  -e, --eval         pass a string from the command line as input
  -h, --help         display this help message
  -i, --interactive  run an interactive CoffeeScript REPL
  -j, --join         concatenate the source CoffeeScript before compiling
  -m, --map          generate source map and save as .map files
  -n, --nodes        print out the parse tree that the parser produces
      --nodejs       pass options directly to the "node" binary
      --no-header    suppress the "Generated by" header
  -o, --output       set the output directory for compiled JavaScript
  -p, --print        print out the compiled JavaScript
  -s, --stdio        listen for and compile scripts over stdio
  -l, --literate     treat stdio as literate style coffee-script
  -t, --tokens       print out the tokens that the lexer/rewriter produce
  -v, --version      display the version number
  -w, --watch        watch scripts for changes and rerun commands
```

インストール

Node.jsとライブラリマネージャのnpmがインストールされていることを前提にします。詳しくは巻頭特集を参照してください。

```
$ npm install -g coffee-script
```

これによってパスが通っていればcoffeeコマンドを使えるようになります。-hオプションを指定してヘルプを見てみましょう（例1）。

続いて本特集で必須なものについて解説します。

公式のリファレンスについては、URL http://coffeescript.org/ を参照してください。

対話インタプリタ

引数なしでcoffee、またはcoffee -iを実行すると、対話インタプリタに入ります。対話インタプリタでは、1行ごとに入力したコードが評価されます（例2）。

Node.jsのシェル環境と同じく、_に最後に評価された値が保存されています（Underscore.jsと組み合わせて使う場合は注意してください）。

CoffeeScriptのスペースやタブを文法に含むというオフサイドルールの特性上、ワンライナーや対話インタプリタでの複数行の入力は苦手な傾向があります。そのようなコードを試す際は、ファイルを作成して評価することを推奨します。

Node.js環境での実行

CoffeeScriptコードを.coffeeという拡張子を付けたファイルに保存し、coffeeコマンドで次のように実行できます。

```
$ coffee foo.coffee
```

Node.js環境ではrequire()メソッドを使って、CoffeeScriptコードをJavaScriptコードに変換せずに実行することが可能です（リスト2）。

これはCoffeeScriptコードが読み込まれる際に、Node.jsのrequire()メソッドに.coffeeの扱いを登録しているからです。

具体的に何が行われているかは、次のURLを参照してください。

URL https://github.com/jashkenas/coffeescript/blob/master/src/register.coffee

コンパイル

ブラウザはCoffeeScriptの処理系を持たないので、事前にJavaScriptコードに変換しておく必要があります。コンパイルする際のオプションは--compileまたは-cです。

次のようなコマンドでfoo.coffeeをコンパイルしましょう。

```
$ coffee -c foo.coffee  # => foo.js
```

デフォルトでは(function(){...})()のような即時関数に囲まれたコードを生成します。これはグローバルスコープで宣言されたvarがグローバル変数になることを防ぐためですが、元のコードの意図を損ねずに変換したいときは、グローバルスコープを触るほうが便利な場合があります。その際は--bareまたは-bを使います。-cbで--bare --compileと同じ意味になります。

```
$ coffee -cb foo.coffee # => foo.js
```

ゼロから設計する際は、基本的には--bareの使用を推奨しません。筆者が--bareを使うのは、グローバルスコープを使うことを前提にしたJavaScriptコードをCoffeeScriptコードに移植する最初のステップだけです。グローバルスコープを触るのは最小限にして、限定した名前空間、またはモジュールシステム経由で参照を解決するのがモダンなJavaScriptです。詳しくは第3章のデ

■例2　対話インタプリタ

```
$ coffee
> x = 3
3
```

■リスト2　Node.js環境での実行

```
foo1 = require './foo.coffee'
foo2 = require './foo' # 拡張子を省略できる
```

ザインパターンを参照してください。

その他のオプションは`coffee --help`を参照してください。

なお、本特集ではJavaScriptとCoffeeScriptの比較の際は、紙面の都合上、`coffee -cb <ファイル名>.coffee`のオプションでコンパイルし、筆者が不要と判断した空白行を削除しています。留意してください。

スタイルガイド

基本的に次の「CoffeeScript Style Guide」に従います。

🔗 https://github.com/polarmobile/coffeescript-style-guide

まとめ

本章では、CoffeeScriptについて、メリットやデメリットをはじめ、新機能からその根底にあるCoffeeScriptの哲学を理解し、実際にCoffeeScriptを利用するための準備を行いました。次章では、CoffeeScriptの基本的な文法を説明します。

Column

最初からCoffeeScriptってどうなの？

筆者は2年ほど前、フロントエンド開発を経験したことがないチームで開発を行う際に、JavaScriptの「悪いパーツ」を排除するために、あえて最初からCoffeeScriptを採用して、半年ほどの開発期間を無事に乗り切ったことがあります。チームの構成は、Rubyの人が半分、C#の人が半分でしたが、どちらからもCoffeeScriptは好評でした（あくまでJavaScriptと比較して、という話ですが）。

ただし、今同じ条件でAltJSを選定するならば、Rubyの人が多い場合はCoffeeScript、C#の人が多い場合はTypeScriptを選定すると思います。Jeremy AshkenasはもともとRuby畑の人間で、TypeScriptを設計したMicrosoftのAndrew HejlsbergはC#の開発者でもあります。やはり、言語の出自とユーザの適正には相関があると思います。

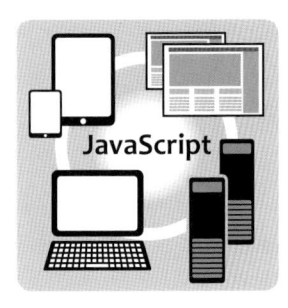

第2章 CoffeeScript文法入門

簡易な文法と一貫したコーディングスタイルを理解しよう

CoffeeScriptの最大の特長は、その簡易な文法と、その文法を通じてもたらされる一貫したコーディングスタイルです。本章では、CoffeeScriptの基本的な文法を紹介します。
JavaScriptの基本的な文法を知っていることを前提とします。

コメント

解説の都合ですが、最初にコメント記法を説明します(じゃないとソースコードに注釈入れられないですからね!)。

行コメントは#で始まり、末尾の改行までです。

```
# this is comment.
```

CoffeeScriptでは//はコメントと認識されず、不完全な正規表現リテラルとして構文エラーとなります。

行コメントはコンパイル時に消去されます。//と対応するわけではない点に注意してください。よくありがちなミスとして、ライセンス文を行コメントで書いてしまい、出力結果から消えてしまっているケースがあります。

JavaScriptの/* ... */に相当する**複数行コメント**として###があります(リスト1)。

複数行コメントはコンパイル時に消去されず、出力先にも残ります。

文字列リテラル

JavaScriptと同じく、引用符(')または二重引用符(")で囲むと文字列として評価できます。

```
"this is string"
```

CoffeeScriptでは'と"では機能にやや違いがあります。"で囲まれた文字列の中では、#{...}のフォーマットで記述された中の値がCoffeeScriptとして評価されて置き換えられます(リスト2)。

'の場合、この置換は行われません。

複数行の文字列リテラル

JavaScriptで複数行の文字列を入力する際は、"aaa" + n + "bbb"と涙ぐましい感じに複数行の文字列を組み立てますが、CoffeeScriptでは**複数行の文字列リテラル**があります。

複数行の文字列は"""または'''で囲みます。文字列リテラルと同じく、#{...}が展開されるかどうかの違いがあります(リスト3)。

コメントの中の改行もインデントブロックと認識されており、改行された行の中で、最もインデ

■リスト1 複数行コメント

CoffeeScript
```
###
   aaa
   bbb
###
```

JavaScript
```
/*
   aaa
   bbb
*/
```

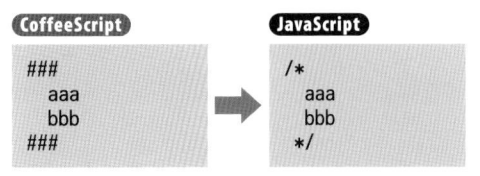

■リスト2 文字列リテラル

CoffeeScript
```
name = 'mizchi'
'#{n}' #=> '#{n}'
"my name is #{n}"
#=> '1'
```

JavaScript
```
var name;
name = 'mizchi';
'#{n}';
"my name is " + n;
```

ントが少ない行に他の行のインデントが調整されます（**リスト4**）。

ES6では、これと同じ複数行の文字列の機能を達成するために、逆引用符（`）がリテラルとして使われるそうです。CoffeeScript上での`は、JavaScript直接展開（後述）の意味があるので、複数行コメントの用途には使えません。

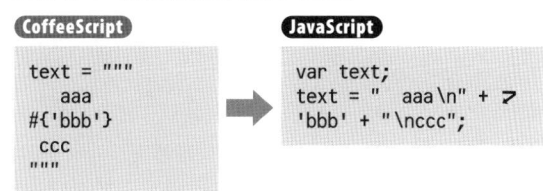

JavaScriptリテラル

CoffeeScript上の**JavaScript**リテラルは、逆引用符（`）で囲まれたブロックをJavaScriptコードとしてそのまま評価します（**リスト5**）。

CoffeeScriptはJavaScriptのスーパーセットではないので、JavaScriptコードをそのまますべて通すことはできません。これが問題になるケースとして、ネットで拾ってきたJavaScriptのサンプルコードをそのまま評価できなかったりします。そのようなとき、一時的にCoffeeScriptの一貫性を諦めて、JavaScriptコードを直接スクリプトの中に埋め込むことができます。

■**リスト3　複数行の文字列リテラル①**

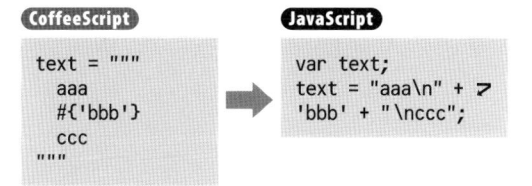

CoffeeScript
```
text = """
  aaa
  #{'bbb'}
  ccc
"""
```

JavaScript
```
var text;
text = "aaa\n" +
'bbb' + "\nccc";
```

■**リスト4　複数行の文字列リテラル②**

CoffeeScript
```
text = """
   aaa
#{'bbb'}
 ccc
"""
```

JavaScript
```
var text;
text = "  aaa\n" +
'bbb' + "\nccc";
```

■**リスト5　JavaScriptリテラル**

CoffeeScript
```
`
function func(){
  var i = 3;
  return i;
}
`
```

JavaScript
```
function func(){
  console.log('foo');
}
;
```

また、CoffeeScriptの学習中、「JavaScriptでの表現は知っているけどCoffeeScript上での表現を知らない」というとき、緊急避難的にJavaScriptリテラルを使うこともできるでしょう。

ただ筆者の経験上、手元のエディタでまともな構文強調表示ができないので、気持ち悪くなって直してしまうんですけどね。

配列

CoffeeScriptでは、配列とオブジェクトリテラルに対して特別な拡張が多く施されています。

まず普通の**配列**の宣言から見ていきましょう。

```
a = [1, 2, 3]
```

これは普通のJavaScriptと同じですね。

インデントを使ったオフサイドルールで、カンマ（,）を省略しつつ記述できます。

```
a = [
  1
  2
  3
]
```

これは「改行と前の行と同じインデント」が次のブロックと認識されるオフサイドルールが存在するためで、a = [1 2 3]と記述することはできません。

配列スライス

CoffeeScriptにおける配列の**レンジ式**、または**スライス**と呼ばれる機能があります。

```
[1..3]   # => [1, 2, 3]
[0...3]  # => [0, 1, 2]
```

..と...の違いに注意してください。たとえばfor(var i = 0; i < n; i++)で、0、1、2とループを回したい場合、次のようなコードになります。

```
arr = [0..3]
for i in [0...arr.length]
  console.log i
```

また、配列に対してスライスを適用することで、その配列の範囲を部分的に切り出すことができます（リスト6）。

スライスの末尾を省略することで終端までスライスされます。

```
arr = ['a', 'b', 'c', 'd', 'e']
arr[3..]  # => ['d', 'e']
```

スライスは非破壊処理なので、元の配列に副作用はありません。

オブジェクトリテラル

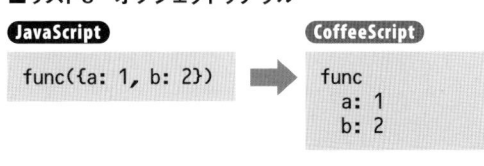

オブジェクトリテラルは、JavaSciptと同じように{key: val, ...}のように表現することも可能ですが、インデントブロックで中括弧を省略して記述することもできます。

次のJavaScriptコードをCoffeeScriptで記述することを考えます。

```
obj = {a: 1, b: 2, c: 3};
```

ブロックが自明な限り中括弧は省略可能です。このJavaScripコードは、CoffeeScriptでは次のように書くことができます。

```
obj = a: 1, b: 2, c: 3
```

オフサイドルールを使えば、カンマを省略できます（リスト7の左側）。また、オフサイドルールでネストを深くしていくことも可能です（リスト7の右側）。

オフサイドルールを利用したオブジェクトリテラルの評価は、関数の引数として適用する際に便利だったりします。リスト8の左側のJavaScriptコードは、CoffeeScriptではリスト8の右側のようになります。やや暗黙的すぎるきらいがあるかもしれません。

スコープ上のオブジェクト宣言

ある**スコープ**で宣言されている変数をオブジェクトリテラルのメンバとして使う場合、次のように記述できます。

```
a = 3
b = 2

obj = {a, b, c: 1}
  # => {a: 3, b: 2, c: 1}
```

また、この特殊系として**this**のメンバに対しても適用可能です。

■リスト6　配列の部分的な切り出し

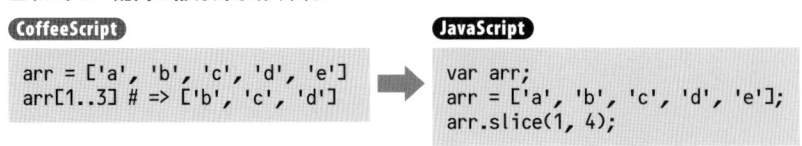

CoffeeScript
```
arr = ['a', 'b', 'c', 'd', 'e']
arr[1..3] # => ['b', 'c', 'd']
```

JavaScript
```
var arr;
arr = ['a', 'b', 'c', 'd', 'e'];
arr.slice(1, 4);
```

■リスト7　オフサイドルールでの配列の記述

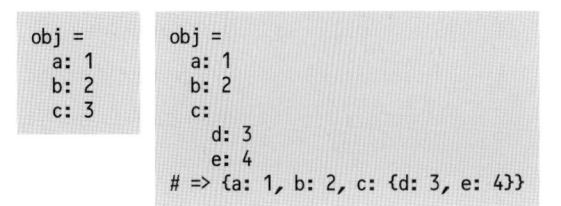

```
obj =
  a: 1
  b: 2
  c: 3
```

```
obj =
  a: 1
  b: 2
  c:
    d: 3
    e: 4
# => {a: 1, b: 2, c: {d: 3, e: 4}}
```

■リスト8　オブジェクトリテラル

JavaScript
```
func({a: 1, b: 2})
```

CoffeeScript
```
func
  a: 1
  b: 2
```

CoffeeScript文法入門
簡易な文法と一貫したコーディングスタイルを理解しよう

第2章

```
f = ->
  @a = 3
  @b = 2

  obj = {@a, @b, c: 1}
  # => {a: this.a, b: this.b, c: 1}
```

@は、後述しますが、thisのエイリアスです。this.aは@.aと書くこともできますが、特別に@aと記述できます。筆者は基本的に@aを採用しています。

真偽値

CoffeeScriptではtrueとfalse以外にも**真偽値**があります。onとoff、yesとnoがそれぞれ真偽値です。

しかし、特に理由がない限りtrueとfalseでよいでしょう。特筆すべき特徴がないのでサンプルコードは省略します。

比較演算子

JavaScriptでは後方互換性や止むに止まれぬ歴史的経緯により、人間に優しくない複雑なプリミティブ値の比較が残ってしまっています。特に==と===の違いはプログラマを悩ませてきました。

CoffeeScriptではユーザに==の使用を制限しており、自動的に===に置き換わります。

CoffeeScript
```
1 == true
```
→
JavaScript
```
1 === true;
```

JavaScriptにおいて1 == trueはtrueですが、CoffeeScriptでこのコードを評価して実行するとfalseになります。これはやや暗黙的な仕様ですが、JavaScriptにおいていくらかの例外を除いて==の使用を制限するのは、複雑な比較を避ける現実的なアプローチです。

==の挙動を前提にしたJavaScriptコードをCoffeeScriptコードに移植するのは正直なところやや負担が大きいのですが、そもそも人間が理解するのも難しいので、一貫したアプローチを採用することで品質が高いコードを導くことを優先しているのでしょう。

どうしても==が必要なときは、`で囲むJavaScriptリテラルを経由して使ってください。
==と同様に、!=も!==に変換されます。

is、isnt

isは===、isntは!==に変換されます。

```
1 is true # => false
```

このような暗黙の変換があるので、特に理由がない限りはis、isntを使うことを推奨します。CoffeeScriptを見た際、この挙動を知らない人が==の挙動を期待するケースがあるため、一貫性があるisを使うことが心理的な負担を減らすことに貢献します。

or演算子とand演算子

orは||、andは&&のエイリアスです。||も&&も引き続き使うことができます。特に理由がない限り、andやorを使うことを推奨します。

特に暗黙の変換や特筆すべき挙動はないので、コードは割愛します。

?演算子

?演算子は、CoffeeScriptがnull許容型という「存在しないかもしれない」値を扱うための特別な演算子です。左辺値がnullまたはundefinedのときに右辺値を返し、それ以外なら左辺値を返します。

次にコードを例示します。

```
a = null ? true       # => true
b = undefined ? true  # => false
c = {} ? true         # => {}
d = false ? {}        # => false
```

d = false ? {}がfalseになることに注目してください。CoffeeScriptにおいて、falseは明示的に存在する「nullではない」値と認識されます。左辺値がfalseであることを期待して右辺値

JavaScriptエンジニア養成読本 75

を評価したい場合、`false or {}`が適当です。

また、左辺で存在しない値を評価しようとしたとき、例外が出ずに右辺値が返ります。

```
v = nop ? {}   # => {}
```

たとえば、nodeとブラウザごとのグローバルスコープを取得するコードは次のように書きます。次のコードは、処理系ごとのグローバルスコープを返します。

```
root = global ? window
```

さて、これらの非常に便利な`?`演算子なのですが、この挙動はJavaScriptではリスト9のようなコードによって実現されます。

やや人間に優しくないコードですね。`typeof global !== "undefined"`によって、このスコープからその変数が参照可能か判定し、次の`global !== null`でnullをチェックしています。

この`?`演算子の挙動は、後述する`?=`代入子や`?.`のオプショナルチェーンでも使われるので覚えておいてください。

連続した比較演算子

JavaScriptでは次のコードを書く際、ほとんどの人が意図するとおりには動きません。

```
n = 2;
3 < n < 5;   // => true
```

このコードは処理系が`(3 < n) < 5`と評価し、JavaScriptにおいては`false < 5`がtrueなので（falseが数値比較の際に暗黙的に0にキャストされるから）、結果がtrueとなってしまいます。

CoffeeScriptでは、リスト10の左側のような式は順番に評価されます。コンパイルするとリスト10の右側のようになります。

地味ながら便利な機能です。

?修飾子

式の末尾に`?`を与えると、変数が存在し、かつnullとundefined以外ならtrueになります。変数が存在しない場合は例外にならずfalseになります。

主にifと組み合わせて使うことが多いのではないでしょうか。

```
if global?   # Node.js環境下のみ存在するグローバル変数
  console.log 'maybe node'
```

明示的なセミコロン

CoffeeScriptにおいては基本的に行末のセミコロン（;）を書く必要はないのですが、明示的に改行ブロックを制御したいときに使用できます。

特に関数の中で複数行になるコードを、さまざまな理由でワンライナーで記述したいときがあります（リスト11）。

セミコロンが関数式を終了させるのではなく、直前の式と同じブロックでつながっている点に注

■リスト9　?演算子の挙動を実現するJavaScriptコード

```javascript
var root;
root = typeof global !== "undefined" &&
global !== null ? global : window;
```

■リスト10　連続した比較演算子

CoffeeScript
```
n = 2
3 < n < 5 # => false
```

JavaScript
```
var n;
n = 2;
(3 < n && n < 5);
```

■リスト11　セミコロンを使ったワンライナー

CoffeeScript
```
foo = -> a = 3; return a
```

JavaScript
```
var foo;

foo = function() {
  var a;
  a = 3;
  return a;
};
```

意してください。

代入

代入式とクロージャ

CoffeeScriptの**代入式**では var を使うことができません。CoffeeScriptコンパイラは、そのスコープで宣言される変数を、そのスコープの先頭でまとめて宣言します（リスト12）。

同じスコープでの変数の衝突を避けたいときは、a = null のようにスコープの先頭で一度代入を行うか、do式を使います。

```
a = 3
do (a) ->
  a = 5
  console.log a # => 5
console.log a   # => 3
```

代入式は常に代入される右辺値が評価されます。

?= 代入演算子

「null か undefined でないならば代入」です。nullかどうかの判定は、前述の?修飾子の評価と同じです。

```
a ?= 3  # => aが存在しないので代入される
a ?= 2  # => 初期化済みなので代入されない
console.log a # => 3
```

and= 代入演算子、or= 代入演算子

JavaScriptの &&= と ||= と等価です。

配列の分割代入

CoffeeScriptには簡易的なパターンマッチのしくみがあり、配列とオブジェクトを対象に**分割代入**を行うことができます。

まずは配列の分割代入を見てみましょう（リスト13）。

やや邪悪なコードが出力されました。これはCoffeeScriptがJavaScriptにはない独自の機能のコードを生成する際に、このような一時変数を含むコードを生成せざるを得ないという事情によります。このような機能追加は綺麗な出力と実用上の問題解決のトレードオフであり、CoffeeScriptはこの点に関して後者の利便性を選んだということです。

配列シンボルに対して...を使うことによって、「残り」を配列として受け取ることができます。

```
[first, rest...] = [1, 2, 3]
first  # => 1
rest   # => [2, 3]
```

この逆も可能です。

```
[head..., last] = [1, 2, 3]
head   # => [1, 2]
last   # => 3
```

オブジェクトの分割代入

配列で要素の順番に対応した分割代入ができたように、オブジェクトもキーによる配列の分割代入が可能です。

■リスト12　変数の宣言

CoffeeScript
```
a = 1
b = 2
```

JavaScript
```
var a, b;
a = 1;
b = 2;
```

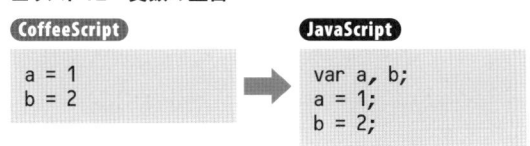

■リスト13　配列の分割代入①

CoffeeScript
```
[a, b, c] = [1, 2, 3]
a  # => 1
b  # => 2
c  # => 3
```

JavaScript
```
var a, b, c, _ref;
_ref = [1, 2, 3], a = _ref[0], b = _ref[1], c = _ref[2];
a;
b;
c;
```

```
{a, b, c} = {a: 1, b: 2, c: 3}
a # => 1
b # => 2
c # => 3
```

次のようにオフサイドルールを使うこともできます。

```
{
  PI
  sqrt
  power
} = Math
```

これは、`Math`から数学関数をスコープへ代入する例で、数学関数を多用する際に使うと便利かもしれませんね。特にオブジェクトの分割代入は、名前空間からモジュールの擬似インポートのように使われたりします。

メンバアクセス

JavaScriptでは、`1.toString()`のようなプリミティブ値に対するメンバアクセスを評価できず、`(1).toString()`のようにする必要がありました。CoffeeScriptでは`1.toString()`も評価することが可能です。

オプショナルチェーン

ここまで説明したように、CoffeeScriptは特に`?`修飾子によって`null/undefined`を特別に扱う処理が多く含まれています。

これの意味的な応用として`?.`でメンバアクセスを行う際に、特殊な処理が行われます。`null`か`undefined`な値が途中に混ざった場合、そこで評価が途切れて`undefined`が返るというものです。

```
a?.b?.c?.d?.e
```

`a`、`b`、`c`、`d`のいずれかが`null`または`undefined`であった場合、処理が中断されて`undefined`として評価されます。

この処理をオプショナルチェーンといいます。

最近ではAppleのSwift[注1]が、`null`値を含む変数へのアクセスにこの構文を採用して話題になりました。

::によるプロトタイプアクセス

CoffeeScriptにおいて`::`はプロトタイプを指します。

```
A::member = ->
A::[memberKey] = ->
```

関数

CoffeeScriptでの関数は、**即時関数**しかありません（**リスト14**）。JavaScriptの関数と比較して、CoffeeScriptの関数は次のような特長を持ちます。

- 最後の式が暗黙の`return`となる
- 定義できるのは即時関数だけ
- デフォルトの引数を持てる
- 引数ブロックの中で代入が可能である

CoffeeScriptの関数の特長として、関数スコープの中で、最後に評価された値が自動的に`return`されます。これを**暗黙のreturn**といいます。この特性を利用して、`for`式や`if`式も値を返すことができるので、たとえば奇数かどうかを判定する関数を次のようにも書けます。

```
isOdd = (n) ->
  if n % 2
    true
  else
    false
```

注1）iOS/OS X向けのプログラミング言語。

■リスト14　関数

CoffeeScript
```
f = (n) -> n
```

JavaScript
```
var func;
func = function(n) {
  return n;
};
```

CoffeeScript文法入門
簡易な文法と一貫したコーディングスタイルを理解しよう

第2章

もちろん、明示的に`return`してもかまいません。戻り値として`undefined`を期待するのに、`return`を書き忘れたせいで値を暗黙的に返してしまい、意図しない使われ方をするケースに注意してください。

CoffeeScriptの関数式には`->`と`=>`があります。この2つの関数リテラルの違いは、`=>`の場合は`this`の束縛するコンテキストが親の`this`と同一になることです(リスト15)。

JavaScriptコードでは、実行したい関数を即時関数で囲み、引数としてそのコンテキストでの`this`を`_this`として渡しています。`=>`の中の`this`は`_this`に置き換えられています。トップレベルでの`this`は`window`なので、`window.x`への代入となったわけです。

デバッグ時にChromeのデベロッパーツールで`=>`の中で止めて、コード上の`this`を参照したい場合は、`_this`となる点を意識しましょう。暗黙的ですが、知っておいて損はありません。

```
f = =>
  debugger
  @x = 1
f()
```

これは特に後述するクラス式で有用です(その際はさらに特殊な展開が行われます)。

CoffeeScriptでは、JavaScriptの`function func(){...}`のような関数宣言をユーザサイドで自由に使えません。すべての関数は即時関数とその代入になります。これは、関数宣言式が参照の巻き上げを発生させ、人によっては直感的ではないと感じることが理由です。

その例を示します。次のコードはJavaScriptとしては正しく実行可能ですが、CoffeeScriptに慣れると違和感を持つようになります。スコープに

おいての`func()`の評価が、コードの上から順番に処理されるという原則に反しているからです。CoffeeScriptではこれを避ける形です。

Column

暗黙のreturnの是非

小さい関数を組み合わせるという関数型言語のようなプログラミングスタイルの場合、基本的にすべての式が評価されることを前提に組むので、暗黙の`return`が有効に機能します。JavaScriptは言語本来のデザインとしては高階関数を多用する言語なので、関数型っぽいコードを書けるのを歓迎する層が一定数いて、筆者もその1人です(とはいえ、関数呼び出しのコストが軽いとは言えないので、言語デザインのパフォーマンスとミスマッチな部分はあるのですが)。

関数の多用というフィーチャに対して、`function(){...}`は冗長すぎるきらいがありました。そのため、CoffeeScriptには`->`のアロー記法が導入され、そしてES6でもやや形を変えて採用されました。

とはいえ、JavaScriptはブラウザという実行特性上、いろいろな背景を持つ人が触る可能性が多く、その中には暗黙の`return`を毛嫌いする層もいます。特に手続き型の静的型付け言語から見ると、暗黙の`return`は直感に反しかねない挙動でしょう。

これらの問題は、ユーザがどのような背景を持つかに依存し、何が正しいという答えもありません。どのようなプログラミングスタイルをとるかは、集団開発の場合、チームの特性に応じた規約が必要になると思われます。関数型プログラミングの経験がないチームの場合、暗黙の`return`を禁止する規約があってもよいでしょう。

筆者がJavaScriptとAltJSが好きな理由の1つに、さまざまな言語を背景に持つ人たちのコードが見れる、という点があったりします。

■リスト15　=>を使った関数

CoffeeScript
```
f = =>
  @x = 1
console.log window.x    # => 1
```

JavaScript
```
var f;
f = (function(_this) {
  return function() {
    return _this.x = 1;
  };
})(this);
```

JavaScriptエンジニア養成読本　**79**

```
func();
function func(){};
```

関数適用

関数の呼び出しはJavaScriptと同じく()ですが、CoffeeScriptでは引数が1つ以上の場合、括弧を省略できます。

次の4つの式はすべて同じように解釈されます。

```
f(1,2,3)
(f 1,2,3)
f 1, 2, 3
f 1
, 2
, 3
```

また、関数適用専用のオプショナルチェーンがあります。?(...)は、対象が関数なら呼び出しますが、そうでない場合は無視します（リスト16）。

typeofで、nullではなく、呼び出し可能なfunctionかどうかを判定していますね。

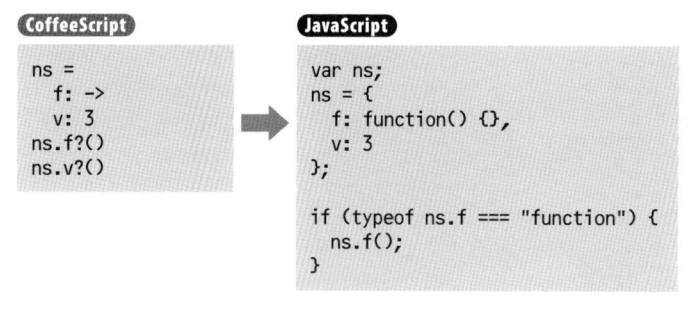

引数適用代入

引数としてthisプロパティを指定した場合、渡したプロパティが代入されます（リスト17）。これはクラス式で多用します。

デフォルト引数

引数を省略したときに、デフォルトの値を設定できます。

```
f = (n = 42) -> n
f()      # => 42
f(10)    # => 10
```

注意点として、f = (n = 42, m = 10) -> n * mという関数があったとき、Pythonなどの言語のキーワード引数のように、f(m = 10)でmに対して引数名のパターンマッチができそうに見えます。しかし、これは構文上は通りますが、キーワード引数のように機能しません。あくまで引数の順に適用されます。結果はm * n = 10 * 10 = 100になります。

...適用

...は、リスト18のように展開されます。

引数パターンマッチ

引数句で配列やオブジェクトを分解し、指定した名前で使うことができます。

■リスト16　関数適用のオプショナルチェーン

CoffeeScript
```
ns =
  f: ->
  v: 3
ns.f?()
ns.v?()
```

JavaScript
```
var ns;
ns = {
  f: function() {},
  v: 3
};
if (typeof ns.f === "function") {
  ns.f();
}
```

■リスト17　引数適用代入

CoffeeScript
```
Foo = (@x) ->
foo = new Foo 3
  # => {x: 3}
```

JavaScript
```
var Foo;
Foo = function(x) {
  this.x = x;
};

new Foo(3);
```

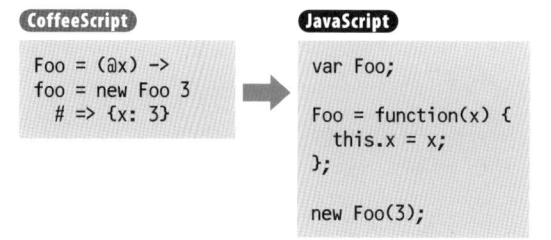

■リスト18　...適用

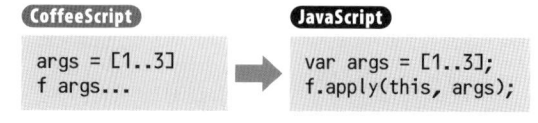

CoffeeScript
```
args = [1..3]
f args...
```

JavaScript
```
var args = [1..3];
f.apply(this, args);
```

◆配列パターンマッチ

引数パターンマッチの配列の例です。

```
f = ([a, b, c]) -> console.log a, b, c
f [1..3]  # => 1 2 3
```

変数に...の添字を与えることで、残りの引数を配列で受け取ることができます。

```
f = ([first, rest...]) -> console.log first, rest
f [1..3]  # => 1 [2, 3]
```

◆オブジェクトパターンマッチ

引数パターンマッチのオブジェクトの例です。

```
f = ({a, b, c}) -> console.log a, b, c
f {a: 1, b: 2, c: 3}
```

デフォルト引数と組み合わせると次のように書けます。

```
f = ({a, b, c} = {}) -> console.log a, b, c
f {a: 1, b: 2, c: 3}
```

「オプションとしてオブジェクトを渡してもよいし、渡さなくてもよい」みたいな関数を作るのに便利です。

...引数

引数に...を付加すると、以降の引数を配列化して受け取ります。

```
f = (fn, list...) -> fn list
```

配列のパターンマッチの例と似ていますね。

do式

do式は関数を実行します。JavaScriptの(function(){})()と同じです。

```
f = -> console.log 'exec'
do f # exec
```

これだけではありがたみがないのですが、即時関数で関数スコープを作りたいときに多用します（リスト19）。

関数スコープで参照を保護するので、たとえばforの中で非同期関数を書くとき、ループ初期化子の参照が変わることを防ぐ際に使います。

```
for i in [1..3] then do (i) -> setTimeout ->
  console.log i # 1 2 3
```

do ->ではthisのスコープが変わる点に注意してください。thisのスコープを変えたくない場合は=>を使います。

if式

CoffeeScriptのifでは条件句の(...)が省略可能で、{...}の中括弧を使いません。インデントブロックか、thenで1行で記述します。

■リスト19 do式の応用

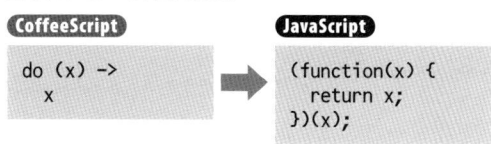

CoffeeScript
```
do (x) ->
  x
```

JavaScript
```
(function(x) {
  return x;
})(x);
```

Column

暗黙のreturnについて

筆者としては値を取得するgetterか、副作用を伴うsetterか、どちらかわかりやすい関数名であれば省略してもかまわないと思っています。筆者は特に1行のreturnはほぼ必ず省略します。

```
ids = items.map (item) -> item.id
```

意図しない戻り値を呼び出し側で使われたり、それをリファクタリングの際に消して他の呼び出し側が壊れたりといったこともあるため、筆者としては関数名が副作用を与えるものか値を返すgetterなのか自明ならばあまり気にする必要はないと思っていますが、意見が割れるのもやむなしといったところです。

```
if Math.random() > 0.5
  console.log 'over'
```

CoffeeScriptのif、for、switchなどの制御構文は、行頭から始める必要がなく、値を返す式として扱われます。

```
a =
  if Math.random() > 0.5
    true
  else
    false
```

elseを省略しifやelse ifの条件にマッチしなかった場合、戻り値はundefinedになります。

インデントブロックの都合上、三項演算子にはthenが必要になります。

```
a = if Math.random() > 0.5 then 'up' else 'down'
```

また、CoffeeScriptには後置のifがあります。

```
func() if Math.random() > 0.5
```

func()が評価されるのは、後置のifの条件を満たすときだけです。後置のifでは、elseを書くことはできません。

パッと見では評価順が変わることで使いにくそうな後置のifですが、筆者はreturnと組み合わせて関数のガード節を記述する際に用いることが多いです（リスト20）。

1回実行すると1秒間は実行できない関数です。return if lockedが見やすいと思いませんか？

switch

if式と同じく、CoffeeScriptにおいてはswitchも値を返す式です（リスト21）。breakは自動的に挿入されるので書く必要はありません。

if式と同じく、elseを省略してマッチしなかった場合はundefinedになります。

また、switchの条件句に何も書かないことで、最初にtrueを返すケースに分岐します（リスト22）。これは、JavaScriptにおけるswitch(true){...}イディオムの省略形を提供していることになります。この記法のメリットは、if ... else if ...ではずれてしまう縦のアラインメントを揃えることができるという点にあります。賛否両論があるイディオムですが、処理系が提供しているならば使ってもよいではないでしょうか。

イテレータ

if式と同様に、CoffeeScriptのfor、whileなどのイテレータは評価可能な式であり、配列として評価されます。評価されるのはイテレータ内にあるブロックの中の最後の式です。

具体的に見ていきましょう。

■リスト20　後置のifの使用例

```
locked = false
doOnceInMinute = ->
  return if locked
  console.log 'yey!'
  setTimeout ->
    locked = false
  , 1000
  locked = true
```

■リスト21　switch

```
num = 2

char =
  switch num
    when 1 then 'a' # thenがある場合は1行
    when 2
      'b' # インデントブロックで最後の行が評価される
    when 3 then 'c'
    else 'd'
char       # => 'b'
```

■リスト22　条件句なしのswitch

```
switch
  when false
    a()
  when true
    b() # => do it!
  else
    c()
```

for~in

配列を相手にするときは`for i in arr`を使います。配列のレンジ式と組み合わせて、「3回繰り返す処理」はリスト23のように書けます。

CoffeeScriptには`for(var i=3; i<n; i++) {...}`に相当するイテレータはありませんが、イテレータの初期化で2つ目の変数を書くと現在のインデックスを取得できます。

```
for i, index in [1,2,3]
  console.log i, index
```

このコードの実行結果は次のとおりです。

```
1 0
2 1
3 2
```

`then`を使うとワンライナーで記述できます。

```
for i in [1..3] then console.log i
```

また、CoffeeScriptには、後置の`if`と同じく、後置の`for`があります。前述の式を書き換えると次のようになります。

```
console.log i for i in [1..3]
```

1行だけで済む場合はこのように書くこともあります。

これらの挙動を踏まえて、次の3つの`for`式は、同じ`[ 1, 2, 3 ]`という結果になります。

```
arr = (i for i in [1..3])

arr = (for i in [1..3] then i)

arr =
  for i in [1..3]
    i
```

気をつけてほしいのは、後置の`for`の次の式はこれらと同等ではありません。

```
arr = i for i in [1..3]
```

この式では`arr`は3となります。つまり、

```
(arr = i) for i in [1..3]
```

と解釈され、最後の代入`arr = 3`だけが有効になっているわけですね。

`for`の初期化子も代入と同じく分割代入が可能です。

```
for {x, y} in [{x:1, y: 2}, {x: 3, y: 5}]
  console.log x, y
```

基本的に、何らかの参照のコピーが発生する際には分割代入が可能な場合が多くなっています。

for~of

オブジェクトを対象にループを回すときは`for ~of`を使います(リスト24)。

`key`と`val`は初期化子なのでどのような名前でもよいのですが、名前のとおり1つ目がオブジェクトのキーであり、2つ目がキーに対応する値になります。キーしか使わない場合は2つ目の引数は省略可能です。

ES5の`Object.keys`を使えば次のように書けるかもしれません。

```
Object.keys(obj).map (key) -> obj[key]
```

for own~

`foo.hasOwnProperty('aaa')`で`true`を返したものだけが列挙されます(リスト25)。後述するクラス式などで生成したインスタンスのうち、プロトタイプではないメンバだけ列挙する際に使ったりします。

■リスト23 for~in

CoffeeScript
```
for i in [1..3]
  console.log i
```

JavaScript
```
var i, _i;
for (i = _i = 1; _i <= 3; i = ++_i) {
  console.log(i);
}
```

さり気なく _ref が生成されていますね。
リスト25の結果は次のようになります。

```
a 1
b 2
```

own を付けない場合、次のようになります。

```
a 1
b 2
say function () {
    return console.log('hello');
  }
```

say までループが回ってしまっていますね[注2]。

for〜in〜by〜

by で指定した値の数だけループをスキップします。JavaScript 側で _i += 2になってることから挙動は予想しやすいかもしれません（リスト26）。

個人的にはほとんど使った記憶がありませんが、一応紹介しておきます。行列計算には便利かも。

for〜in/of〜when〜

評価される for 式の結果は、when で true に評価されるような値を返すブロックになります。

リスト26をこの式で書き直すとリスト27のようになります

筆者はよく使いますが、Array.prototype.filter の結果をループするのと結果は同じなので、どちらを使うかは好みでしょう。

```
[1..5].filter((i) -> i % 2) # => [ 1, 3, 5 ]
```

while

while も for と同じく配列を返します（リスト

[注2] function のコードが文字列として見えているのは、Function.prototype.toString() の定義によります。

■リスト24　for〜of

CoffeeScript
```
obj = {a: 1, b: 2}
for key, val of obj
  console.log key, val
```

JavaScript
```
var key, obj, val;
obj = {
  a: 1,
  b: 2
};
for (key in obj) {
  val = obj[key];
  console.log(key, val);
}
```

■リスト25　for own〜

CoffeeScript
```
class A
  constructor: ->
    @a = 1
    @b = 2

  say: ->
    console.log 'hello'

for own key, val of (new A)
  console.log key, val
```

JavaScript
```
var A, key, val, _ref,
  __hasProp = {}.hasOwnProperty;
// class式が生成するコードは省略
_ref = new A;
for (key in _ref) {
  if (!__hasProp.call(_ref, key)) continue;
  val = _ref[key];
  console.log(key, val);
}
```

■リスト26　for〜in〜by〜

CoffeeScript
```
for i in [1..5] by 2
  console.log i
# =>  1 3 5
```

JavaScript
```
var i, _i;
for (i = _i = 1; _i <= 5; i = _i += 2)
{
  console.log(i);
}
```

28)。挙動がやや複雑ですが、CoffeeScriptのイテレータのお約束である「最後に評価された値の配列」というルールを守っています。

loop

`loop`式は`while true`と等価です（リスト29）。他のイテレータと同じく配列として評価されます。この構文を使う際にブロックを抜けるには、ユーザが明示的に`break`する必要がある点に注意してください。

クラス

JavaScriptはプロトタイプベースの言語ですが、プロトタイプベースはオブジェクト指向に慣れた人間には使いづらいと言われています。

そのため、オブジェクト指向のパラダイムを持ち込むために、イディオムとしてクラスや継承を行う関数を実装し、その機能を使うことでオブジェクト指向的な機能を実装することが昔から行われてきました。古くはPrototype.jsの`Class`関数などに遡ることができます。

そのような風潮を反映してか、CoffeeScriptではプロトタイプ継承の構文としてリスト30のようなクラス式を持っています。

`constructor`は`new`演算子により呼び出されるコンストラクタです。コンパイル後の`function A() {...}`に相当します。

リスト30の`@prop`は、インスタンスの外側からから見たときの`.prop`プロパティです。

```
a = new A
a.prop  # => 1
```

■リスト27　for~in/of~when~

CoffeeScript
```
arr =
  for i in [1..5] when i % 2
    i * i
# => [ 1, 9, 25 ]
```

JavaScript
```
var i, _i;
for (i = _i = 1; _i <= 5; i = ++_i) {
  if (i % 2) {
    console.log(i);
  }
}
```

■リスト28　while

CoffeeScript
```
n = 0
arr =
  while n++ < 10
    n
console.log arr
  # => [ 1, 2, 3, 4, 5, 6, 7, 8, 9, 10 ]
```

JavaScript
```
var arr, n;
n = 0;
arr = (function() {
  var _results;
  _results = [];
  while (n++ < 10) {
    _results.push(n);
  }
  return _results;
})();
console.log(arr);
```

■リスト29　loop

```
n = 0
arr =
  loop
    break if n is 10
    n++
console.log arr
  # => [ 0, 1, 2, 3, 4, 5, 6, 7, 8, 9 ]
```

■リスト30　クラス式

CoffeeScript
```
class A
  constructor: ->
    @prop = 1
```

JavaScript
```
var A;
A = (function() {
  function A() {
    this.prop = 1;
  }
  return A;
})();
```

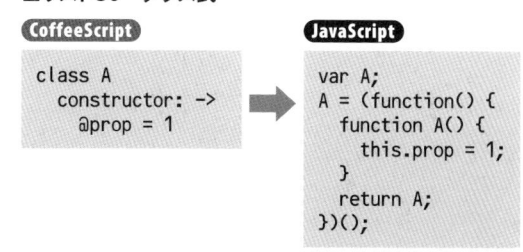

クラスの定義時に@を付けて宣言された関数はスタティックメソッドになります。

```
class A
  @method: ->
    console.log '@method called'

A.method()
```

これは実はコロンで宣言する必要はなく、=でも同じ結果になります。

```
class A
  @method1: -> console.log 'method called'
  @method2 = -> console.log 'method2 called'
```

クラス名は省略可能で、`class`式はクラス自体の参照として評価されます。あえて次のように書いてもよいわけです。

```
A = class
  method: -> console.log 'method called'
```

このとき、内部的には即時関数でクラスが生成されます。

クラスフィールド

クラスの宣言の直下のスコープは、パッと見た限りオブジェクトのようにも見えるかもしれません。しかし、前述のとおり、実際には任意の式を記述できる関数宣言のクラススコープの中です。このとき`this`はクラス自身を指します(インスタンスではありません)。本書では、ここを他のオブジェクト指向の言語にならって**クラスフィールド**と呼びます。

リスト31の左側に示すコードがあるとします。さて、クラスフィールドの変数`prop`が初期化されるのはどのタイミングでしょうか。それはクラスの定義時です。`new`でインスタンス生成されたときではありません。

このコードをコンパイルしたものがリスト31の右側のコードです。

見てのとおり、`A.method`と`A.prototype.method`は、同じ`var prop`への参照を持ちます。これは、CoffeeScriptのクラスフィールドは実はオブジェクトリテラルとして記述するのではなく、`method: ...`や`@a: ...`を特別扱いして展開しているだけのただの関数スコープであることに起因します。

継承

CoffeeScriptではプロトタイプの**継承**の構文として`extends`というキーワードの継承構文を持ちます。継承元は必ず1つだけの単一継承です(リスト32)。

おや、なにやら見た目以上に長いコードが生成されましたね。`__hasProp`は`for own`式のときにも見た、`hasOwnProperty`を実行するだけのエイリアスです。`__extends`に注目してください。CoffeeScriptはAltJSの中では比較的ランタイム

■リスト31　クラスフィールド

CoffeeScript
```
class A
  prop = 3
  @method: -> console.log prop
  method: -> console.log prop

A.method()            # => 3
new A().method()      # => 3
```

JavaScript
```
var A;
A = (function() {
  var prop;
  function A() {}
  prop = 3;
  A.method = function() {
    return console.log(prop);
  };
  A.prototype.method = function() {
    return console.log(prop);
  };
  return A;
})();

A.method();
new A().method();
```

CoffeeScript文法入門

簡易な文法と一貫したコーディングスタイルを理解しよう

第2章

コードが少ない言語ですが、継承のイディオムはその例外です。

ランタイムコードを詳しく見ていきましょう。__extendsを読みやすく展開したコードがリスト33です。

実行している処理を整理します。

- hasPropはhasOwnPropertyのエイリアスである
- parentクラスのメンバ（スタティックメンバ）を代入する
- constructorメンバに継承先の参照を持つctor関数を生成する
- ctor関数のprototypeにparent.prototypeを代入する
- 継承先のchildのprototypeにnew ctor()を渡してプロトタイプチェーンを作る
- child.__super__に継承元のprototypeの参照を保存する

一見回りくどいですが、この手続きを踏むことで継承元のクラス（実体は関数）のメンバを汚すことなく、かつプロトタイプチェーンによってnewにより生成されたインスタンスをinstanceofで判定可能なオブジェクトを作ることができます。

TypeScriptやES6のclass構文が生成するコードもほぼこれと同じイディオムを採用しており、CoffeeScriptとTypeScriptで生成したクラスは相互に継承可能です（TypeScriptの場合は継承するのに型定義ファイルを書かなければなりませんが）。

これらのクラス記法をどう使うかの詳細は、次章のデザインパターンを参照してください。

■リスト32　継承

CoffeeScript
```
class Animal
class Cat extends Animal
```

JavaScript
```
var Animal, Cat,
  __hasProp = {}.hasOwnProperty,
  __extends = function(child, parent) { for (var key in parent) ↗
{ if (__hasProp.call(parent, key)) child[key] = parent[key]; } ↗
function ctor() { this.constructor = child; } ctor.prototype = ↗
parent.prototype; child.prototype = new ctor(); child.__super__ ↗
= parent.prototype; return child; };

Animal = (function() {
  function Animal() {}
  return Animal;
})();

Cat = (function(_super) {
  __extends(Cat, _super);
  function Cat() {
    return Cat.__super__.constructor.apply(this, arguments);
  }
  return Cat;
})(Animal);
```

■リスト33　__extendsを展開したコード

```
var
__hasProp = {}.hasOwnProperty,
__extends = function(child, parent) {
  for (var key in parent) {
    if (__hasProp.call(parent, key)) child[key] = parent[key];
  }
  function ctor() { this.constructor = child; }
  ctor.prototype = parent.prototype;
  child.prototype = new ctor();
  child.__super__ = parent.prototype;
  return child;
}
```

クラス内部での=>

メンバ関数の宣言時に=>を使うと、特別なthisコンテキストの束縛が行われます（リスト34）。

__bindというヘルパ関数が出力されており、コンストラクタでthis.foo = __bind(this.foo, this)という処理が追加されています。prototypeメンバとthisのメンバが同名の場合はthisのメンバの参照が優先されますが、このときthis.fooは必ずme、自分自身のインスタンスによってapplyのthisが束縛されます。

つまり、この関数のthisは、誰がどのようなコンテキストで呼び出したとしてもthisは常にそのインスタンス自身となります。

これらの挙動は、関数の参照をコールバックとして与えた場合の挙動に関係します。リスト35のコードでは、束縛していないf1、束縛したf2をsetTimeout()のコールバックとして与えた際のコンテキストに注意してください。

JavaScriptでは、これを防ぐためにFunction.prototype.bindを使ってa.f1.bind(a)と記述する必要がありました。

constructor関数の宣言においては、他の関数と異なり自分自身のコンテキストが自明で、かつ自分自身を使ったバインドができないため、constructor: =>の宣言は認められず例外になります。

文法上の注意点

JavaScriptと同じく、forやifはスコープを作りません。for式の中で宣言された変数は他の変数と同様に、スコープの先頭に列挙されます。

これが問題になるのは次のようなケースです。

```
for i in [1..5]
  setTimeout ->
    console.log i
  , 1000
```

このコードの実行結果は

■リスト34　クラス内部での=>

CoffeeScript
```
class A
  foo: =>
    console.log 'foo'
```

JavaScript
```
var A,
  __bind = function(fn, me){ return function(){ return fn.apply(me, arguments); }; };

A = (function() {
  function A() {
    this.foo = __bind(this.foo, this);
  }

  A.prototype.foo = function() {
    return console.log('foo');
  };

  return A;

})();
```

■リスト35　関数の挙動の違い

```
class A
  f1: ->
    console.log @

  f2: =>
    console.log @

a = new A
setTimeout a.f1 # => Window or Global
setTimeout a.f2 # => a
```

CoffeeScript文法入門
簡易な文法と一貫したコーディングスタイルを理解しよう 第2章

```
[1..5].map (i) ->
  setTimeout -> console.log i
  , 1000
```

```
6
6
6
6
6
```

となります。ループ初期化子のiは親スコープで宣言されるため、setTimeout()の発火前に書き換わってしまうからです。

これにはいくつかの解決策があります。即時関数で関数スコープに渡すことで、書き換えを防ぎます。

```
for i in [1..5] then do (i) ->
  setTimeout -> console.log i
  , 1000
```

または、forを使わずにArray.prototype.forEach()/map()を使います。原理としてはdoと同じく関数スコープによってvarで宣言されるコンテキストを切り離します。

まとめ

以上でCoffeeScriptの文法の紹介を終えます。どうでしょうか。JavaScriptに比べて、よく使う機能が格段に書きやすくなったように思えませんか。頻繁に使う機能は「とにかく短く書けるようにする」というポリシーがあるように思えますね。筆者が特に気に入っている文法は、?.によるオプショナルチェーンと、引数句でのオブジェクトパターンマッチによる代入です。

CoffeeScriptは他の言語、特にRubyとPythonから多大な影響を受けています。これらの言語を触ったことがある人には、馴染みがある文法かもしれません。

第3章 実践デザインパターン

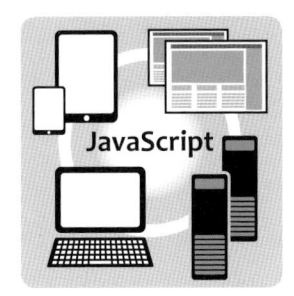

CoffeeScriptでわかりやすいコードを書くために

本章では、第2章で解説した基礎的な文法を踏まえたうえで、実践のためのデザインパターンを紹介します。
CoffeeScriptらしい機能を使って、よりわかりやすいコードを書けるようになりましょう。

分割代入で期待するオブジェクトの明示

`{...}`のオブジェクトリテラルを引数に、特定のデータ構造を渡して初期化したいケースがあると思います。リスト1のようなケースです。

分割代入と引数時代入を組み合わせると、リスト1のコードをリスト2のように短く書くことができます。

これはコンストラクタでの値の初期化によく使われるパターンです。

似たパターンとして、関数が使うプロパティを明示するためにあえて引数を分解することができます(リスト3)。

単に`data`と書いてあるより、期待する引数のオブジェクトの構造が自明になりました。

分割代入とデフォルト引数を組み合わせて、与えられたオプションによって挙動を変えるパーサの引数を書いてみましょう(リスト4)。

このとき、第2引数のオプションはデフォルト引数により省略でき、空オブジェクトを与えたときと同じ挙動になります。

■リスト1　引数のデータ構造の初期化

```coffeescript
class Foo
  constructor: (data) ->
    @a = data.a
    @b = data.b
    @c = data.c

foo = new Foo a: 1, b: 2, c: 3
foo.c # => 3
```

■リスト2　分割代入と引数時代入の組み合わせ

```coffeescript
class Foo
  constructor: ({@a, @b, @c}) ->

foo = new Foo a: 1, b: 2, c: 3
foo.b # => 2
```

■リスト3　プロパティの明示

CoffeeScript

```coffeescript
callback = ({a, b, c}) -> console.log a * b * c
```

→

JavaScript

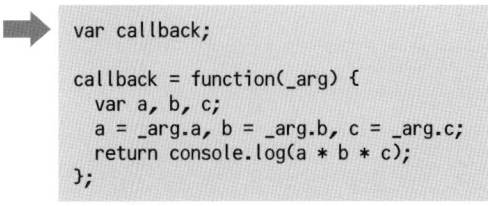

```javascript
var callback;

callback = function(_arg) {
  var a, b, c;
  a = _arg.a, b = _arg.b, c = _arg.c;
  return console.log(a * b * c);
};
```

■リスト4　分割代入とデフォルト引数の組み合わせ

```coffeescript
class Parser
  parse: (content, {optionA, optionB} = {}) ->
    optionA ?= false   # optionAのデフォルト値
    optionB ?= false   # optionBのデフォルト値
    # ... optionA、optionBを使ったコード
```

実践デザインパターン
CoffeeScriptでわかりやすいコードを書くために

第3章

クラス内部での=>の徹底

JavaScirptでは関数呼び出しのたびに`this`のスコープが変わってしまうのですが、クラス記法を使ってオブジェクト指向的なプログラミングをしているときに`this`の指すものが変わることが嬉しいケースは、筆者の経験上、基本的にないという認識です。

なので、クラスメンバの中では徹底的に`=>`のみを使うことがクラス内部でのベストプラクティスというのが筆者の見解です(リスト5)。

なお、デバッガを使って`this.a`を覗きたいとき、インタプリタの中の`this`を読みにいってもグローバルの`window`インスタンスへの参照になっていると思われます(リスト6)。

そういうときは`_this`を見ます。ややバッドノウハウっぽいですが、基本的に`this`か`_this`を追っていけば問題はありません。

Promise化された関数

ES6のPromiseを使って「Promise化された関数」を書いてみましょう。Promiseは非同期処理を行うための機能です。ChromeやFirefoxなどはネイティブでPromiseをサポートしていますが、サポートしていない環境でもbluebirdやes6-promisesなどのshim[注1]を使うことが可能です。

リスト7の左側はJavaScriptの例です。

CoffeeScriptでは、関数式で即座に`new Promise`を行うことで、暗黙の`return`によりPromise化が自明になり、お約束として知っていれば読みやすい関数になります(リスト7の右側)。

次にPromiseで配列の要素を1つずつPromise化しながら、`Array.prototype.redeuce`で直列に実行するコード例を紹介します。やや複雑な例ですが、CoffeeScriptらしさが全開で、JavaScriptには表現しにくいコードです(リスト8)。

注1) 互換性の問題を解決するためのソフトウェアのこと。

■リスト5　クラス内部での=>の徹底

```
class A
  f: =>
    setTimeout =>
      @a = 120
    , 100
```

■リスト6　デバッガの利用

```
class A
  f: =>
    setTimeout =>
      @a = 120
      debugger
    , 100
```

■リスト7　Promise化された関数

JavaScript
```
var fetch = function(){
  return new Promise(function(done, reject){
    $.get('/foo/bar.json').then(done);
  });
}
```

CoffeeScript
```
fetch = -> new Promise (done) ->
  $.get('/foo/bar.json').then done
```

■リスト8　配列の要素のPromise化

```
processWithSleep = (p, sleepTime) => new Promise (done) => p.then =>
  setTimeout ->
    console.log 'sleep time:', sleepTime
  , sleepTime

[100, 200, 300].reduce processWithSleep, Promise.resolve()
# 100ミリ秒、300ミリ秒、600ミリ秒に実行される
```

継承の判定

クラスベースの設計をすると、インスタンスがどのクラスから生成されたかを判定する必要がある場合があります。

インスタンスが何を継承しているかは、`a instanceof A`で判定します（リスト9）。

親を遡らず、直接のインスタンスかどうか判定するには、`.constructor`の参照を比較するとよいでしょう（リスト10）。

たとえばこれらを`switch`式で分岐することがあります

どのクラスから生成されたか、`.constructor`を`switch`で使うことでパターンマッチのような分岐処理を書くことが可能です（リスト11）。

これが有用なのは、たとえばストラテジパターンで1つのベースクラスをさまざまなクラスに派生させた場合です。

継承元の判定は、CoffeeScriptではなくJavaScriptの機能をそのまま使用していますが、CoffeeScriptを使った場合でもJavaScriptの機能がそのまま使用できることを紹介しました。

ミックスイン

CoffeeScriptのクラスの継承は単体継承ですが、継承を使わずに複数のクラスの機能を実装する方法があります（リスト12）。

これは一般的にミックスインと呼ばれ、単一継承のまま複数クラスの機能を使用する場合に用いられる手法です。`extends`を使った継承とは違い、プロトタイプチェーンに触っていないので、前述の`instanceof`による判定はできません。

JavaScriptからも継承可能な関数の作成

CoffeeScriptのクラスはCoffeeScript同士で継承する際には便利ですが、ライブラリを書いているときなどは相手がCoffeeScriptではないことを想定しないといけません。そのようなときは、リスト12のミックスインの例を応用して無名クラスを生成することで実現できます（リスト13）。

`constructor`を上書きできないので、`initialize`関数が定義されていれば実行します。

JavaScriptからはリスト14のように使用します。

■リスト9　継承の判定①

```
class Animal
class Cat extends Animal
animal = new Animal
cat = new Cat
animal instanceof Animal   # => true
animal instanceof Cat      # => false
cat    instanceof Animal   # => true
cat    instanceof Cat      # => true
```

■リスト10　継承の判定②

```
cat.constructor is Animal # => false
cat.constructor is Cat    # => true
```

■リスト11　switchと.constructor

```
switch instance.constructor
  when Cat then console.log 'this is cat!'
  when Dog then console.log 'this is dog!
```

■リスト12　ミックスイン

```
extend = (obj, mixin) ->
  obj[name] = method for name, method of mixin
  obj

class A
  featureA: ->
class B
  extend @constructor, A::
b = new B
b.featureA()
```

■リスト13　JavaScriptから継承可能なクラス

```
extend = (obj, mixin) ->
  obj[name] = method for name, method of mixin
  obj

class A
  constructor: ->
    @initialize?(arguments...)

  @extend: (obj) ->
    class extends A
      extend @::, obj
```

同様のパターンをBackbone.View.extend(...)などで見たことがある人もいるかもしれませんが、基本的にやっていることは同じです。

名前空間へのクラスの代入

クラスの宣言は名前空間に対しても行うことができます(リスト15)。

このクラススコープの中では、`App.Views.FooView`という完全パスではなく、`FooView`というクラス名だけでコンストラクタにアクセスできます。

シングルトン

CoffeeScriptのクラスでシングルトン[注2]を記述する際に多用するイディオムです(リスト16)。

`new @`がポイントで、ここで`new Foo`を行うと継承先のクラスで`getInstance()`を呼び出した際に継承先のインスタンスが返ります。

プライベート変数

CoffeeScriptのクラスにはプライベート変数のしくみがありません。同じくプライベート変数のしくみがないPython(_がアクセスしてほしくない変数、__が本当に外からアクセスできないプライベート)を参考に、プライベートなメンバの名前をアンダースコア(_)で始める人もいます。筆者としては一応、_を付ける方式を推奨しておきます(リスト17)。

とはいえ、本当に外からアクセスできないプライベートメンバを作りたい場合、リスト18のように書くことが可能です。

外から見たインターフェースの振る舞いは一緒ですが、プロトタイプを使わないメンバ関数をコンストラクタで作っており、リスト17の例と等価ではない点に注意してください。このインスタンスを`for own`のループで処理すると、`getProp`と`setProp`が列挙されてしまいます。

注2) クラスから生成するインスタンスを1つに限定するデザインパターンのこと。

■リスト14 JavaScriptからの使用

```
var Extended = A.extend({
  initialize: function(){
    console.log('initialized');
  }
});
```

■リスト15 名前空間へのクラスの代入

```
App = Views: {}, Models: {}

class App.Views.FooView extends App.Views.BaseView
  constructor: ->
    super
    FooView is this.construtor  # => true
```

■リスト16 シングルトン

```
class Foo
  @getInstance: ->
    @_instance ?= new @ arguments...
```

■リスト18 外からアクセスできないメンバ

```
class A
  constructor: ->
    prop = null
    @getProp = -> prop
    @setProp = (val) -> prop = val
```

■リスト17 プライベート変数

```
class A
  constructor: ->
    @_prop = null

  getProp: -> @_prop
  setProp: (val) -> @_prop = val
```

getter/setter

JavaScriptでは、オブジェクトがあるメンバにアクセスしたとき（getter）、あるいはあるメンバに代入するとき（setter）、関数の処理を挟み込むことができます。

ES5の仕様では、`{get prop: ..., set prop: ...}`と書くとgetter/setterになる機能があるのですが、CoffeeScriptにはその機能がありません。

getter/setterを使いたい場合には、`Object.defineProperty`を使うヘルパを用意します（リスト19）。プロトタイプに対してgetter/setterを定義することで、すべてのインスタンスのgetter/setterに介入できます。

リスト19は、`Object.defineProperty`が存在しないInternet Explorer 8では動きません。代わりに`__defineGetter__`、`__defineSetter__`にフォールバックする必要がありますが、本書では割愛します。

doを用いたsetTimeout()のループ

JavaScriptエンジニアなら、1秒ごとにループするリスト20のようなコードを書いたことがあるかもしれません。

`update()`関数は自分自身で再帰する必要があるため、一度名前を付けて代入し、その後`update()`関数を呼び直すといったフローになります。

不格好だなと思ったら、こういうときにこそdo式が使えます（リスト21）。

ちょっと格好良くなりましたね。

CommonJSのrequire()環境下でのクラスベースの設計

CoffeeScriptをブラウザで動かすときには、分割して書かれたファイルを依存関係を解釈しつつまとめるためのモジュールシステムがないため、

■リスト19　getter/setter

```
property = (obj, key, {get, set}) ->
  Object.defineProperty obj, key, {get, set}
class A
  property @::, 'prop',
    get: ->
      console.log 'get prop'
      @_prop

    set: (val) ->
      console.log 'set prop with', val
      @_prop = val

a = new A
a.prop = 3 # set prop with 3
a.prop     # get prop
```

■リスト20　1秒ごとのループ

```
update = ->
  setTimeout ->
    # 何かしらの操作
    update()
  , 1000
update()
```

■リスト21　doを用いたsetTimeout()のループ

CoffeeScript
```
do update = ->
  setTimeout ->
    update()
  , 1000
```

JavaScript
```
var update;
(update = function() {
  return setTimeout(function() {
    return update();
  }, 1000);
})();
```

BrowserifyやRequireJSで代用します。ここではモジュールシステムとして最近注目されているBrowserifyについて解説します。

BrowserifyはNode.jsと同じモジュールシステムを再現するものです。Browserifyのしくみは次の3つです。

- `require()`を呼び出すと`module.exports`が返される
- `module.exports`の初期値は`{}`である
- `module.exports = ...`で参照を上書きできる

オブジェクト指向設計では、「1ファイルに1クラス」という対応を取ることがよくあります。CoffeeScriptもクラス記法を使ってそのルールを守ることで、コードの見通しを良くすることができます。「1ファイルに1クラス」の原則を厳密に守る必要はありませんが、ある程度規約があったほうが設計が容易になります。

`Foo`クラスを返すfoo.coffeeはリスト22のように記述します。

GitHubがCoffeeScriptで開発しているAtomエディタでは、リスト23の記法が使われています。

好みの問題です。リスト23のほうがインデントが一段減って格好が良い気がします。

クラスを返すファイルではなく、たとえばユーティリティを集めたクラスならリスト24のように書くでしょう。

Backbone.jsの利用

Backbone.jsの作者はCoffeeScriptと同じくJeremy Ashkenasなので、Backbone.jsのコードはCoffeeScriptのコンストラクタパターンで記述できるようになっています。

普通に書くと、リスト25のようになると思います。

CoffeeScriptのクラス継承を用いて、リスト26のように記述できます。

リスト26はBackbone.Viewの例ですが、Backbone.RouterやBackbone.Modelでも継承が可能です。その際、`constructor`を上書きしてしまうと動かなくなってしまうので、`super()`を呼び出すか、`initialize()`をコンストラクタの代わりに使います。

CoffeeScriptでクラスを継承する場合、`Backbone.View.extend`で初期化するときとは違い、`_.bindAll(this)`を呼び出す必要はありません。

Underscore.jsの利用

CoffeeScriptは関数指向で書けるようにデザインされていますが、標準の組み込み関数を拡張していません。

組み込み関数の拡張にはプロトタイプを汚染す

■リスト22　Fooクラスを返すコード

```
module.exports = class Foo
  constructor: ->
    # ...
  method: ->
```

■リスト23　Atomの記法

```
module.exports =
class Foo
  constructor: ->
    # ...
```

■リスト24　ユーティリティのクラス

```
funcA = ->  # ...
funcB = ->  # ...

module.exports = {
  funcA
  funcB
}
```

■リスト25　Backbone.jsを利用するコード

```
MyView = Backbone.View.extend
  initialize: ->
    _.bindAll()
    @render()
```

■リスト26　Backbone.jsのクラスの継承

```
class MyView extends Backbone.View
  initialize: ->
    @render()
```

る必要があるからです。そこで、Underscore.jsやLo-Dashがよく使われます。ここでは特にUnderscore.jsについて述べます。Underscore.jsの作者はCoffeeScriptと同じくJeremy Ashkenasです。

Underscore.jsは、`Array.prototype`を拡張する代わりに、`_`という名前空間に関数が定義されています注3。

Underscore.jsでは、関数の呼び出し方が2種類あります。

```
_([1..10]).select (i) -> i % 2
_.select [1..10], (i) -> i % 2
```

注3) CommonLispやHaskellなどの関数型言語を経験している方は、Preludeのようなものと思ってもらって結構です。

後者のほうが（）の分だけ入力数が少なく、筆者の好みです。

高階関数を最後に括弧なしで書くことで、自然な記述ができます。

まとめ

本章では、CoffeeScriptでコードを書く際に利用できる標準的なデザインパターンを紹介しました。デザインパターンに沿うことで、よりわかりやすいコードを手間をかけずに書くことができます。

次章では、CoffeeScriptの開発環境で活用できるツールを紹介します。

第4章 開発環境の整理

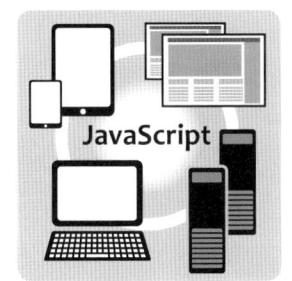

便利なツールと代表的なディレクトリ構造

本章では特にCoffeeScriptを開発環境で用いる際のエコシステムやディレクトリ設計を解説します。

SourceMap

現代的なJavaScript開発環境では、JavaScriptは連結や最適化を繰り返すことになり、実行時のエラー行とソースの対応が困難になります。この問題を解決するのが**SourceMap**です。SourceMapは、ソースコードとそこから生成されたコードを対応付ける情報を出力します。

■例1　SourceMapの出力

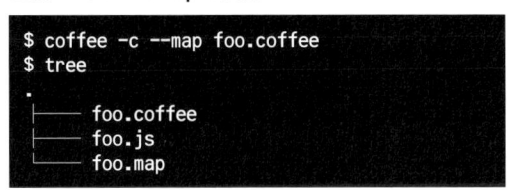

```
$ coffee -c --map foo.coffee
$ tree
.
├── foo.coffee
├── foo.js
└── foo.map
```

■リスト1　foo.coffeeとfoo.js

foo.coffee
```
console.log 'hello'
```

foo.js
```
// Generated by CoffeeScript 1.7.1
(function() {
  console.log('hello');
}).call(this);
//# sourceMappingURL=foo.map
```

■リスト2　foo.map

```
{
  "version": 3,
  "file": "foo.js",
  "sourceRoot": "",
  "sources": [
    "foo.coffee"
  ],
  "names": [],
  "mappings": ";AAAA;AAAA,EAAA,OAAO,CAAC,GAAR,CAAY,OAAZ,CAAA,CAAA;AAAA"
}
```

SourceMapの出力

SourceMapには、生成したコードに埋め込む方式と.mapという拡張子の外部ファイルに出力する方式の2種類があります。CoffeeScriptが対応しているのは外部ファイルに出力する方式です。SourceMapを出力するには、コンパイル時に`--map`オプションを付けます(**例1**)。

各ファイルの内容を見てみましょう(**リスト1**)。
foo.jsの最終行にある`//# sourceMappingURL=foo.map`がこのファイルが参照するSourceMapになります(**リスト2**)。

まるでDNAのような記号の羅列で、何が書いてあるかまるでわかりませんね！　詳しい仕様については次のURLを参照してください。

- 「Source Map Revision 3 Proposal」
  URL https://docs.google.com/document/d/1U1RGAehQwRypUTovF1KRlpiOFze0b-

_2gc6fAH0KY0k/edit?pli=1#heading=h.9ppdoan5f016

実際にHTMLにfoo.jsを読み込んで、ブラウザで実行してみましょう（図1）。

```
<script src='foo.js'></script>
```

Node.js環境下でSourceMapを使う場合、node-source-map-supportを使う必要があります。詳細については、GitHubのREADMEを参照してください。

- 「evanw/node-source-map-support」
  URL https://github.com/evanw/node-source-map-support

SourceMapに対応しているのは、2014年8月現在では、Chrome、Firefox、Internet Explorer 11以降です。

開発環境下では便利なSourceMapですが、そのファイルサイズは大きくなりがちなので、プロダクション環境では--mapオプションを指定しないほうがよいです。

SourceMapのその他の用途

SourceMapはAltJSのためのものだけではなく、UglifyJSなどで圧縮されているライブラリでも使われています。パッケージマネージャのBowerで提供されているjQueryにもjquery.js.mapが付属しています。

モジュールとコンパイル

--joinを用いた結合

CoffeeScriptでコンパイルする際、-jあるいは--joinを付けるとファイルを連結してコンパイルしてくれます[注1]。a.coffeeとb.coffeeをall.jsにまとめてコンパイルしたい場合、次のようなコマンドになります。

```
$ coffee -c -j all.js -o public a.coffee b.coffee
```

実行順に注意してください。特にbashまたはzsh環境下でapp/*.coffeeのように指定すると、列挙される順番がファイルシステムに依存してしまい、実行する環境によって異なるビルド結果になることがあります。

Browserify/Coffeeify

Browserifyは、CommonJSのしくみを使ってファイルを結合できるようにしたものです。Browserifyを利用する場合は、BrowserifyとCoffeeScript用のプラグインであるCoffeeifyをインストールし、例2のようにコマンドを実行します。

注1）--joinは、CoffeeScript v1.8で削除されました。代わりに cat a.coffee b.coffee c.coffee | coffee --compile --stdio > bundle.js を使ってください。

■図1　foo.jsを読み込んで実行した結果

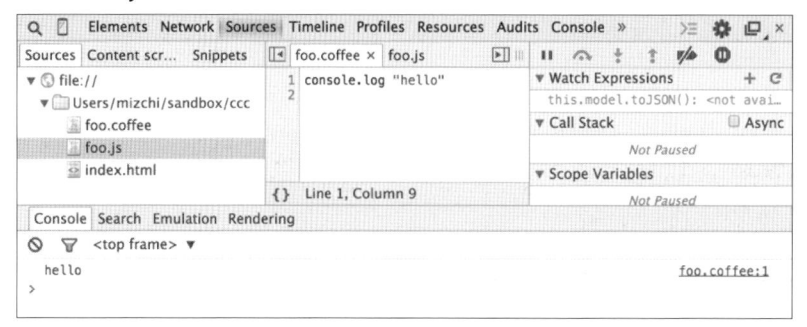

Gruntやgulp.jsの環境下でBrowserifyを使いたい場合、grunt-browserifyやgulp-browserifyなどのプラグインを利用します。

ディレクトリ構造

ここではよく見られるディレクトリ構造と、その際に用いられるCoffeeScriptのビルド方法を紹介します。なぜディレクトリ構造に着目するかというと、大規模JavaScript環境下では何も考えずにフラットに配置していると、ディレクトリ構造が設計を創発します。

また、CoffeeScriptでライブラリを書いたとしても、使う相手がCoffeeScriptコードだとは限りません。そのため、コンパイルして扱いやすいJavaScriptコードとして提供することになります。

CoffeeScriptで記述したコードは、特に特殊な名前変換のルールはなく、コンパイルさえしておけば簡単にJavaScriptから扱えます。この点がCoffeeScriptの強みでもあります。

ファイルが1つだけのシンプルな構成

CoffeeScriptで書かれていた時代のBackbone.jsはこの構成でした（例3）。

ブラウザ環境のディレクトリ構造

ブラウザ環境下では、特に別々のファイルとして扱いたい需要がない限り、並列ロードを防ぐために1つのJavaScriptにまとめてしまうことが多いです（例4）。

Browserifyは、例5のように実行します。

筆者は名前空間を使う場合、namespace.coffeeというファイルを最初に読み込むようにし、名前空間の拡張をそこだけに制限しています（リスト3）。

Browserifyを使わない場合、グローバルの名前空間は慎重に扱わないといけないので、このような構造を推奨します。

Node.js環境下のディレクトリ構造

Node.js環境下では例6のようなディレクトリ構造になります。

■例2 Browserifyの使用例

```
$ npm install browserify -g
$ npm install coffeeify
$ browserify -t coffeeify --extension=".coffee" foo.coffee > foo.js
```

■例3 ファイルが1つだけの構成

```
$ tree
.
├── hoge.coffee
├── hoge.js
└── package.json
```

■例4 ブラウザ環境のディレクトリ構造

```
~/dev/browser-env $ tree
.
├── app
│   └── initialize.coffee
└── public
    ├── all.js
    └── index.html
```

■リスト3 src/namespace.coffeeの例

```
window.App     = {}
App.Views      = {}
App.Models     = {}
App.Controller = {}
App.Utils      = {}
```

■例5 Browserifyの実行

```
$ browserify -t coffeeify --extension=".coffee" ↗
src/initialize.coffee > public/all.js
```

package.jsonはパッケージの管理を行うためのファイルです。このファイルの`main`項目には、最初に呼び出されるファイルとしてfoo.coffeeではなくfoo.jsを指定します。相対パスは「./bar」のように解決します。

```
$ coffee -o lib -c src/*.coffee
```

Node.js環境下で用いることを前提にしたライブラリは、このような構成になることが多いです。CoffeeScript自身がこの構成です。

CoffeeScriptにはCakeというタスクランナーの拡張があり、GitHubのリポジトリ（jashkenas/coffeescript）はCakeの挙動を記述するCakefileによって管理されています。しかし、Gruntやgulp.jsがCoffeeScriptに対応している今では、CoffeeScriptプロジェクト以外で使われているのをあまり見たことはありません。

Node.jsとブラウザの両方に対応するプラグインの書き方

特にブラウザに依存しないJavaScriptプロジェクトでは、npmのモジュールとは別にBowerのパッケージとして提供すると、使う側からは便利です（**例7**）。

ブラウザから用いる場合、例7ではdist/plugin.jsだけを読み込めば動くようにBrowserifyでビルドします。

JavaScriptだけで完結せず、HTMLやCSSをまとめて1つのライブラリにする場合、component.jsなども考慮に入れるとよいかもしれません。

まとめ

CoffeeScriptの開発環境では、SourceMapやBrowserifyなどのツールを活用すると便利です。また、ブラウザやNode.js環境に対応する際にはどのようなディレクトリ構造にするかを覚えておくとよいでしょう。

Appendixでは、CoffeeScript以外のAltJSについて紹介します。

■例6　Node.js環境のディレクトリ構造

```
~/dev/node-env $ tree
.
├── package.json
├── lib
│   └── foo.js
└── src
    └── foo.coffee
```

■例7　Node.jsとブラウザに対応するディレクトリ構造

```
$ tree
.
├── package.json
├── bower.json
├── dist
│   ├── plugin.js
│   ├── plugin.map
│   └── plugin.min.js
├── lib
│   └── plugin.js
└── src
    └── plugin.coffee
```

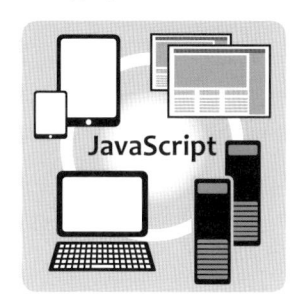

Appendix 最適なAltJSの選び方
[TypeScript vs. CoffeeScript]
そもそもなぜAltJSが普及したのか

最後に、CoffeeScript以外のAltJS、特によく比較されるTypeScriptと、それぞれの選定を行う際に考慮する点を、著者の主観も交えて考察します。

どのAltJSを選定するか

AltJSが流行した背景には、現状、デファクトのブラウザに自分で実装した言語やJavaScriptを載せるのは現実的ではないという問題がありました。しかし、JavaScriptはその特性上、書かずに避けることが難しい言語です。そこで、すでに仕様として枯れたES3、あるいはES5をターゲットにして、既存の言語やまったく独自の言語からJavaScriptを生成する試みによって、JavaScriptの構文上の問題を解決する手段が模索されてきました。今ではその数は膨大なものになっています。

CoffeeScriptのGitHubリポジトリにあるWikiでは、主要なAltJSが網羅的にまとめられています。パッと見た感じでも30個以上はあります。

- 「List of languages that compile to JS」
  URL https://github.com/jashkenas/coffeescript/wiki/List-of-languages-that-compile-to-JS

これらのAltJSはES6にも影響を与え、特にCoffeeScriptの文法が大量に採用されました。()_=>{...}のアロー関数、パターンマッチング的な分割代入、クラス文法はES6にも存在し、また同じ継承イディオムを採用しているので、「CoffeeScriptで書いたクラスをES6で継承する」ことも可能です。後発のTypeScriptはES6の文法を先取りしており、これらの機能を使用できます。そのようなつながりを考慮して考えると、CoffeeScriptとTypeScriptはまったくデザインの異なる言語というわけでもありません。

現在ではAltJSはある程度淘汰が進んでおり、プロダクションで使える品質と判明しているものは限られています。ここではCoffeeScriptとTypeScriptやその他AltJSの比較と、「どういうケースで何を採用するか」というアプローチについて、私見を交えて考えてみたいと思います。

TypeScriptについて

TypeScriptの特徴

TypeScriptはMicrosoftが開発しているAltJSです。TypeScriptの主な特徴は次の2つです。

- ES6の機能の先取り（モジュール、アロー関数など）
- 静的型付け

Cに由来する静的型付け言語における型の目的は、メモリ上におけるデータサイズを決定するための情報でしたが、TypeScriptを含む静的型付けAltJSの動的型付け環境にあえて型を導入するのは、人間あるいはインテリセンスのためのドキュメントという意味合いが強くなります。

TypeScriptは、*.d.tsという型定義ファイルで既存のライブラリに対して型に注釈を付けることが可能であり、主要なライブラリについてはDefinitelyTypedというGitHubリポジトリに集積されています。

- 「borisyankov/DefinitelyTyped」 URL https://github.com/borisyankov/DefinitelyTyped

　TypeScriptの型チェックはコンパイル時に行われ、コンパイル後は他のAltJSと同じく、実行時にはただのJavaScriptとして実行されます。ランタイム時に正しい状態を持っているかは、型定義ファイルの正確さに依存します。

型が必要なとき

　とはいえ、JavaScriptは元来、動的型付けの言語で、JavaScriptのライブラリ提供者も基本的に型付けを意識していません。なのでTypeScriptの型システム上で表現不可能なものもたくさんあります。そのようなものに対してTypeScriptの型定義ファイルを書くとき、ひたすら型チェックを無視する**any**型で握りつぶすことになりかねず、そうなると型システムの恩恵にあやかることはできません。

　TypeScriptで適切にプロジェクトを回すには、導入ライブラリの型定義ファイルを書く作業が必要になり、小規模なプロジェクトでは無視できない作業量となる可能性があります。また、TypeScriptの型の表現力に収まらない振る舞いに対して、TypeScriptに合わせてしまうことで設計が歪む可能性があります。

　筆者の考えでは、TypeScriptはそれ自身で完結する巨大なライブラリを記述する際に力を発揮しますが、小規模のライブラリだと小回りが利かない分、生のJavaScriptやCoffeeScriptに対して不利です。Node.jsのライブラリはTypeScriptで書かれているものが少ないこともそれが理由だと筆者は踏んでいます。

　目安として、500行〜3,000行規模のプロジェクトはCoffeeScriptが一番フィットする領域で、1万行を超えるものはTypeScriptが向いてる気がしています。CoffeeScriptでも十分な規約があれば1万行を超えても秩序を維持することは可能ですが、それにはRubyやPythonの動的型付けの大規模なコードを管理した経験とノウハウが必要だと思います。

　CoffeeScriptのメリットは、とにかくその小回りの良さで、「小さなライブラリをたくさん組み合わせる」というUNIX的な思想と相性が良く、この

Column　CoffeeScriptから見たTypeScript

　CoffeeScriptで大規模設計をしていると、足りないのは型だという気持ちになることがよくあります。プロトタイプをCoffeeScriptで書いたプロジェクトが肥大化し、管理が行き届かなると、途中でTypeScriptに書き換えたい衝動に駆られることが頻繁にあります。

　ただ、筆者の個人的な感想としては、CoffeeScriptに慣れた自分がTypeScriptを触ると、文法的に退化しているような印象を受けるのが正直なところです。もちろん、型システムを提供してくれるのはその欠点を補ってなお余りある魅力的な特徴なのですけどね……。構文は言語の本質的な特徴ではないと思ってはいるのですが、やはり慣れた言語で、CoffeeScriptらしい、堕落した文法で一気に書いてしまいたい気持ちはあります。

　というわけで、筆者はTypedCoffeeScriptという、CoffeeScriptとTypeScriptの混血のような言語を趣味で開発していたりするのですが……。まあこれはまだ全然実用に足り得るものじゃないので、そういうアプローチもあるよという紹介にとどめておきます。

- 「mizchi/TypedCoffeeScript」
  URL https://github.com/mizchi/TypedCoffeeScript

　CoffeeScriptとTypeScriptを併用するというのも全然アリだとは思っていて、自分の趣味プロジェクトでは、アプリケーションのコアドメインをTypeScript、それ以外のUI層をCoffeeScriptで書くという試みをやったりしています。UI層、特にjQueryやMVWライブラリなどはDOMに密結合して型が付けにくく、また処理系依存が多くなりがちです。自明なインターフェースを持つUIライブラリに対しては、やはり素のJavaScriptやCoffeeScriptが書きやすいのではないかと思っています。

最適な AltJS の選び方 [TypeScript vs. CoffeeScript]
そもそもなぜ AltJS が普及したのか — **Appendix**

点は静的型付けの AltJS では達成できない特性だと思います。

プロダクションで使える AltJS

海のものとも山のものともつかない AltJS があふれる界隈ですが、実際にプロダクションで使える AltJS は、次のものに絞られると思います。

- CoffeeScript
- TypeScript
- Haxe
- Js_of_ocaml
- ClojureScript

Js_of_ocaml と ClojureScript は、それぞれの基となる OCaml、Clojure に精通している場合は十分な選択肢になり得ると思います。筆者は何となく文法を知っている程度なので、深く言及するのは避けますが、実際に使っているとの話はちらほらと聞きます。

Haxe はやや特殊で、ActionScript を改良した風な文法から、複数の言語を出力することができます。JavaScript は出力ターゲットの1つです。ActionScript 風であるゆえか、Flash 資産との連携・再実装があります。一部では事実上の ActionScript 4 なのではと噂されています。

ClojureScript は、特に Om という React のラッパーライブラリが有名で、そのためだけに採用する価値ももしかしたらあるかもしれません。

ここで挙げた言語以外で、いずれはプロダクションで使えるレベルに達するであろうと筆者が個人的に期待している言語は、次の2つです。

- Scala.js
- PureScript

Scala.js はその名のとおり Scala を JavaScript に変換するのですが、ランタイムコードが大きい、コンパイル時間が長いという欠点を差し置けば、今でも使える言語かもしれません。一部の Scala ライブラリも Scala.js 上で動かすことが可能です。

PureScript は Haskell 系の AltJS で、Haskell のクローンではないものの、Haskell 風の型システムの上で JavaScript の柔軟な型の表現が可能な言語です。作者が大量のライブラリを提供してくれているのですが、それ以外の使用例が見られないのが不安です。PureScript は PureScript 自身で書かれた版もありますが、Haskell の実装に比べて初期化に難がありました。

そもそも、AltJS がなぜ盛り上がったか

そもそも、なぜ AltJS がこんなにたくさん作られたのでしょうか。Haskell から JavaScript を生成する ghcjs の開発にあたり、Haskell Wiki の「The JavaScript Problem」[注1] では、JavaScript の問題を次のように簡潔にまとめています。

- JavaScript sucks.（JavaScript にはうんざり）
- We need JavaScript.（JavaScript が必要）

特に Haskell のような強い型システムを持つ言語コミュニティから見ると、JavaScript は危なっかしくて使えたものじゃないんでしょうね。

こういう背景があって、「既存の動的型処理系に対する後付の静的型付けを表現するための型システム」というテーマが、静的型付けの AltJS の開発にあたりホットトピックとなります。文法の提案については CoffeeScript と ES6 で一段落したので、次にさまざまな言語が、自分の型システム上で JavaScript の処理を表現するための型を考案してきたわけです。

さいごに：自分のチームで何を選ぶべきか

「CoffeeScript vs. TypeScript」の議論は、結果として「動的型付け vs. 静的型付け」になり、そのどちらも最終的には信仰の問題であり、どちらが良いと思うと宣言するのは信仰の告白以上の情報

注1) URL http://www.haskell.org/haskellwiki/The_JavaScript_Problem を参照。

がないと思っています。

　筆者は、CoffeeScriptで3万行を超えたプロジェクトを3つ、TypeScriptで1万行ほどの趣味のプロジェクトを2つ、他に業務でC#（Unity）、Java（Android）、ActionScript 3（Flash）、Haskell、Clojure、Rubyと、両方のパラダイムの開発環境に携わったことがあるのですが、どちらが活きるかはコンテキスト次第だと言わざるを得ません。開発環境によっては選択肢がないことがほとんどですし、動的型付けの文化圏で育ったJavaScriptが後付の型システムで快適になれるかは、たぶんコアとして採用するライブラリ次第のような気がしています。jQueryがメインなら静的型付けの強みがほとんど活かせません。コンポーネント指向のPhaserやenchant.jsなどのゲームエンジンなら、型は強力にユーザをサポートするでしょう。適宜適切な選択肢を、実際に手を動かして判断してほしいと思っています。

　その際は、CoffeeScriptはRuby/Pythonとの適性が高く、TypeScriptはC#/Javaという風に現場のチームの傾向に言語を合わせるべきだと思っています。

特集3

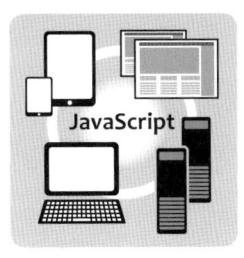

開発効率化の必須アイテム

［開発現場を支えるタスクランナー］Grunt活用入門

JavaScriptを使った開発現場では、プログラミングやデバッグ以外にも細かい作業が数多く発生します。ソースコードの品質を向上させるための構文チェックをはじめ、AltJSを使っている場合にはJavaScriptコードへのコンパイル、デプロイするためのソースコードの結合や圧縮などが必要になります。しかも、これらの作業を繰り返し行う場合もあります。

タスクランナーは、これらの作業をタスクとして定義し、実行を自動化するツールです。JavaScript開発ではさまざまなタスクランナーが利用されていますが、本特集では特に利用者が多いGruntを取り上げ、その概要から、タスクとプラグイン、実践的な活用方法などを説明します。

和智 大二郎　WACHI Daijiro　Twitter：@watilde　GitHub：watilde

第1章　開発の「作業」に欠かせないタスクランナー入門
Gruntが選ばれる理由

第2章　環境構築とタスクの記述
Gruntを使ってみよう

第3章　Gruntプラグインの活用
CoffeeScript／ファイル結合／構文チェック／圧縮

第4章　ケーススタディで学ぶタスクの追加と実行
Gruntfile.jsを書いてみよう

Appendix　注目のタスクランナーgulp.js
新生、gulp.jsを選ぶべき場面

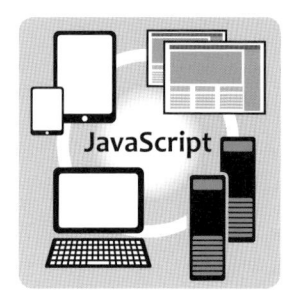

第1章 開発の「作業」に欠かせないタスクランナー入門

Gruntが選ばれる理由

本章では、JavaScript開発におけるタスクランナーの変革、およびGruntを利用するメリットについて説明します。

はじめに

フロントエンド開発では、プログラムを書く以外にも細かい作業が多く発生します。

たとえば、次のような作業です。

- サイトの表示を高速化するために行うソースコードの圧縮
- ソースコードの品質を上げるための構文チェックやテストの実行
- ソースコードの権利を明確にするためのライセンスコメントの挿入
- CoffeeScriptなどのAltJSのコンパイル

ひとつひとつの作業は、コマンドを入力するだけ（あるいはGUI）で実行できます。しかし、確認のたびに手動で行うことを継続するのは骨の折れる作業になります。また、大規模開発になると、数百を超えるソースコードに対して適切な最適化を施さなくてはなりません。その複雑な手順をドキュメント化すると、保守が困難になるでしょう。

そして、1つの手順ミスや小さな妥協が、結果として大きな損失を生むことになります。

適切な最適化を継続的に行うために、これらの作業の効率化に注力するのは、現代のJavaScriptエンジニアの重要な役割の1つになっています。

Gruntは、そんな面倒な作業の自動化をJavaScriptによって促進させる**タスクランナー**の1つです。

URL http://gruntjs.com/

タスクランナーとJavaScript

タスクランナーとは、細かい作業（以下**タスク**）をスクリプト化し効率化するツールのことです。開発の対象によりタスクの内容は変わります。フロントエンド開発におけるタスクとして、前述のようなソースコードのコンパイルや確認に用いるローカルサーバの構築、ソースコードのデプロイなどが挙げられます。

それでは、フロントエンド開発におけるタスクランナーの変革について少し触れてみましょう。

シェルスクリプト

古くはシェルスクリプトですべてが行われていました。シェルスクリプトは、OSのシェルが直接解釈できる複数の処理をまとめて記述できるスクリプトです。スクリプトは最低限の構文とターミナルで実行できるコマンドで構成されています。

Jake、Cake

シェルスクリプトの延長として、makeツールが挙げられます。シェルスクリプトとの大きな違いは、ファイルの更新を参照し、編集のあったファイルに対して適切なビルドを行うというところです。Makefileという名の設定ファイルに、ファイル名とファイルのコンパイルに用いるコマンド、ファイル同士の依存関係を記述し、**make**コマンドでビルドを実行します。ターゲットのファイルのために、どのような処理を行うかという関数言語的な記述をしやすいこともメリットとして挙げら

れます。

これの各処理系の実装の1つとして、JavaScriptで設定ファイルを記述できる**Jake**、CoffeeScriptで設定ファイルを記述できる**Cake**があります。

Guard

ファイルを編集するたびにコマンドを実行するのはとても面倒です。そこで**Guard**が使われるようになりました。Guardは、設定ファイルに基づいてファイルの編集を監視しコマンドの実行を自動で行います。多くのプラグイン（gem）が公開されており、Ruby on Railsとの相性も良いため、非常に人気があります。

なぜGruntなのか

Gruntは、前述のようなタスクをJavaScriptによって記述できます。フロントエンド開発に関わる関係者にとって馴染み深い言語でタスクを記述できることは、他のタスクランナーに比べて大きなメリットになります。また、Gruntの設定ファイル（以下**Gruntfile.js**）は非常に可読性が高く、タスクのドキュメント化にも貢献することができます。Gruntfile.jsを見るだけで、どのディレクトリにどのような意味があるか、その概要を把握することができます。

自分が新規メンバーとしてプロジェクトに関わる際にも、OSSの開発に参加する際にも、READMEに書いてない部分の補足としてGruntfile.jsの一読をオススメします。

プラグインやタスクをJavaScriptで記述できるタスクランナーとしては歴史が古く、2011年9月の最初のコミットから現在まで活発に開発が続いています。2014年8月現在においては、3千を超えるプラグインが公開されており、基本的なタスクを行うには不自由を感じることはありません。

JavaScriptでタスクを記述でき、設定ファイルの可読性も高く、プラグインも非常に多くあります。これがGruntが現場で採用される大きな理由になっています。

Gruntの今後

公開されているロードマップでは、次の変更が予定されています。

- Node.js v0.8のサポートをやめる
- イベントを監視してログを出力する、新しいロギングシステムとしてnode-prologを導入する（🔗 https://github.com/cowboy/node-prolog を参照）
- すべてのタスクが利用できるような低レベルAPIの定義を盛り込んだnode-taskに対応する（🔗 https://github.com/node-task を参照）

特にnode-taskの計画は壮大です。並列処理やタスクのエイリアス生成、任意のタスクランナーの実行、複数のタスク間でのデータの受け渡しを可能にするなど、Gruntにとらわれないような内容になっています。

Gruntは公開から3年近く経つ今でも継続して活発な開発が行われています。これからも継続して新たなことに挑戦し続けるでしょう。

まとめ

本章では、JavaScript開発でタスクランナーを利用する意義に触れ、Gruntが選択される理由を説明しました。

次章では、Gruntの基本的な使用方法を説明します。

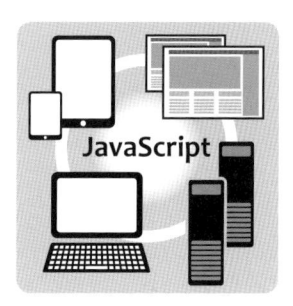

第2章 環境構築とタスクの記述

Gruntを使ってみよう

Gruntのメリットがわかったところで、実際に使ってみましょう。
本章ではGruntの環境構築とGruntfile.jsの構成要素について説明します。

環境構築

最初に行う作業

gruntコマンドを有効化するために、最初にコマンドラインインターフェースをインストールします。

Gruntは、本体とコマンドラインインターフェースが別のパッケージになっており、コマンドを有効化するためにはgrunt-cliをグローバルに入れる必要があります。gruntを入れてしまいがちなので注意してください。

```
$ npm install -g grunt-cli
```

これで、gruntコマンドが有効化されます。

gruntコマンドのバージョンを表示し、動作確認をしてみましょう。

```
$ grunt -V
grunt-cli v0.1.13
```

プロジェクトディレクトリでの作業

プロジェクトのディレクトリにpackage.jsonがない場合は、最初に次のコマンドを実行します。

```
$ cd project
$ npm init
```

対話形式でいろいろ質問されますが、多くはnpmを作るための質問なので深く気にせずに Enter を押していきましょう（例1）。

次に、Gruntの本体を入れます。npm installの際に--save-devオプションを追加することで、インストールするnpmの情報がpackage.jsonのdevDependenciesに追加されていきます。

次のコマンドを実行しましょう。

```
$ npm install --save-dev grunt
```

改めてgruntコマンドのバージョンを表示し、動作確認をしてみましょう。

```
$ grunt -V
grunt-cli v0.1.13
grunt v0.4.5
```

これでpackage.jsonのdevDependenciesにgruntが追加されました。package.jsonを確認してみましょう（例2）。

プラグインを入れる際も同様にして、次のようなコマンドを実行します。

```
$ npm install --save-dev grunt-contrib-uglify
```

npm installコマンドを実行すると、package.jsonと同じディレクトリにnode_modulesディレクトリが作成されます。この中には、package.jsonのdependencies、devDependenciesに書いてあるモジュールパッケージが入ります。

開発環境の容量削減のためにGitなどのバージョン管理システムの管理下に置かないよう設定ファイルを追加することが多いです。そのためには、.gitignoreファイルに次のように記述します。

```
node_modues/
```

最後にタスクを記述するGruntfile.jsを設置しま

第2章 環境構築とタスクの記述
Gruntを使ってみよう

す（例3）。

これでGruntを実行する環境が整いました。

また、これ以降はpackage.jsonがあるディレクトリで`npm install`を実行することで、パッケージ名を指定することなくプロジェクトで利用しているnpmを一度に入れることができます。

■例1　npm initの実行

```
This utility will walk you through creating a package.json file.
It only covers the most common items, and tries to guess sane defaults.

See `npm help json` for definitive documentation on these fields
and exactly what they do.

Use `npm install <pkg> --save` afterwards to install a package and
save it as a dependency in the package.json file.

Press ^C at any time to quit.
name: (project)
version: (0.0.0)
description:
entry point: (index.js)
test command:
git repository:
keywords:
author:
license: (ISC)
About to write to ~/project/package.json:

{
  "name": "project",
  "version": "0.0.0",
  "description": "",
  "main": "index.js",
  "scripts": {
    "test": "echo \"Error: no test specified\" && exit 1"
  },
  "author": "",
  "license": "ISC"
}

Is this ok? (yes)
```

■例2　package.jsonの確認

```
$ cat package.json
{
  "name": "project",
  "version": "0.0.0",
  "description": "",
  "main": "index.js",
  "scripts": {
    "test": "echo \"Error: no test specified\" && exit 1"
  },
  "author": "",
  "license": "ISC",
  "devDependencies": {
    "grunt": "^0.4.5"
  }
}
```

Gruntfile.jsについて

Gruntfile.jsは、JavaScriptだけではなくCoffeeScriptでも記述できます。

設定ファイルという位置付けですが、普通のJavaScriptまたはCoffeeScriptのソースコードとして読むことができます。

中身はメタ情報を記述していますが、プロジェクトのソースとしてコミットする必要があります。その際に、プロジェクトのルートディレクトリにpackage.jsonとともに設置することが多いです。

Gruntfile.jsは、次の4つの要素から構成されています。

- "ラッパー"function
- プロジェクトとタスクの設定
- プラグインとタスクの読み込み
- カスタムタスク

Gruntfile.jsの例を基に、それぞれについての理解を深めましょう。

■例3　Gruntfile.jsの設置

```
$ touch Gruntfile.js
$ ls
Gruntfile.js  node_modules/  package.json
```

■リスト1　Gruntfile.jsの例

```js
module.exports = function(grunt) {
  // プロジェクトの設定
  grunt.initConfig({
    pkg: grunt.file.readJSON('package.json'),
    uglify: {
      options: {
        banner: '/*! <%= pkg.name %> <%= grunt.template.today("yyyy-mm-dd") %> */\n'
      },
      build: {
        src: 'src/<%= pkg.name %>.js',
        dest: 'build/<%= pkg.name %>.min.js'
      }
    }
  });

  // uglifyタスクを提供するプラグインの読み込み
  grunt.loadNpmTasks('grunt-contrib-uglify');

  // デフォルトタスク
  grunt.registerTask('default', ['uglify']);
};
```

Gruntfile.jsの例

リスト1のGruntfile.jsは、JavaScriptのソースコードを圧縮するタスクを記述したものです。package.jsonの情報を利用し、ファイル名を取得したり、バナーコメントの追記を行っています。

`grunt`コマンドが実行されると、デフォルトタスクとして`uglify`タスクが実行されます。

"ラッパー"function

すべてのGruntfile.js（とGruntプラグイン）は、この基本的なフォーマットで書かれています。Gruntに実行させたいタスクは、基本的にこの中に記述する必要があります（リスト2）。

プロジェクトとタスクの設定

ほとんどのGruntタスクは、`grunt.initConfig()`関数に渡す`config Object`で完結させることができます。

リスト1の例では、`grunt.file.readJSON`

■リスト2　"ラッパー"function

```js
module.exports = function(grunt) {
  // タスクの実装
};
```

環境構築とタスクの記述
第2章 Gruntを使ってみよう

('package.json')でpackage.jsonに入っているメタデータをJSONとしてgruntのconfigに渡しています。<% %>というテンプレートを利用すると、configのプロパティを参照できます。同じ記述を繰り返すことを避けるために、この方法で指定すると再利用しやすくなります。プラグインが必要とするプロパティを上書きしない限りは、config Objectに任意の値を設定できます。

また、JSONのようなデータだけでなく、JavaScriptを書けるので、関数や演算子も記述できます。多くのプラグインは、プラグイン名と同じプロパティ名でconfig Objectに設定を記述します。

今回の例に出てきたgrunt-contrib-uglifyプラグインも同様で、uglifyプロパティにタスクを書きます。この例でも、バナーコメントを追加し、圧縮を実行するタスクをuglifyプロパティに記述しています(リスト3)。

プラグインとタスクの読み込み

ソースコードの結合、Minify、構文チェックなどの基本的なタスクはGruntプラグインとして提供されています。

該当のnpmがpackage.jsonにdependencyまたはdevDependencyとして記述され、インストール済みである場合はgrunt.loadNpmTasks()を用いて読み込む必要があります(リスト4)。

また、grunt --helpコマンドを実行することで、実行可能なタスクのリストを表示できます。

基本的にはgrunt.loadNpmTasks()で明示的にプラグイン名を指定して読み込めば問題ありません。

しかし、プラグインの数が増えてくると、loadNpmTasks()をプラグインの数だけ記述しなければなりません(リスト5)。

この問題の解決策としてload-grunt-tasksというnpmがよく使われます。load-grunt-tasksは、package.jsonのdependencies、devDependencies、peerDependencies、あるいは任意のプロパティから、「grunt-」で始まるプラグインを見つけ出してgrunt.loadNpmTasks()を実行します。その際に、「grunt」と「grunt-cli」は除外されます。

導入は、今までのプラグインと同様にnpm installコマンドで行えます。

```
$ npm install --save-dev load-grunt-tasks
```

呼び出しは、"ラッパー"function内に1行追加するだけで行えます。

```
require('load-grunt-tasks')(grunt);
```

■リスト3　プロジェクトとタスクの設定(リスト1の抜粋)

```
// プロジェクトの設定
grunt.initConfig({
  pkg: grunt.file.readJSON('package.json'),
  uglify: {
    options: {
      banner: '/*! <%= pkg.name %> <%= grunt.template.today("yyyy-mm-dd") %> */\n'
    },
    build: {
      src: 'src/<%= pkg.name %>.js',
      dest: 'build/<%= pkg.name %>.min.js'
    }
  }
});
```

■リスト4　プラグインとタスクの読み込み

```
// uglifyタスクを提供するプラグインの読み込み
grunt.loadNpmTasks('grunt-contrib-uglify');
```

■リスト5　プラグインの数だけ記述が必要

```
grunt.loadNpmTasks('grunt-contrib-concat');
grunt.loadNpmTasks('grunt-contrib-uglify');
grunt.loadNpmTasks('grunt-contrib-minify');
```

これでインストールしたgrunt-taskは`grunt.loadNpmTasks()`で読み込むことなく使用できます。プラグインが増えて記述が長くなった際に導入してみてください。

カスタムタスク

基本的なタスクの他に、JavaScriptの処理をそのまま実行できるカスタムタスクがあります。

ここでは、例として「Hello World」と表示するだけのタスクを作成しています（リスト6）。実行し、`Hello Wrold`と表示させてみましょう（例4）。

このように、カスタムタスク内は自由な記述が可能です。

引数の受け取り

次に、コマンドの引数を受け取ってみましょう（リスト7）。引数はタスク名に`:`でつなげて指定します。`foo`と`bar`という引数を与えて実行してみましょう（例5）。

以上のように、Gruntのカスタムタスクは素のNode.jsに近いため、非常に柔軟な実装が可能となります。

基本的なことはプラグインと`config Object`の編集のみで実行可能ですが、複雑なことを行いたい場合にはカスタムタスクを活用してみましょう。

まとめ

本章では、Gruntをインストールし、自動化するタスクをGruntfile.jsに記述して実行する方法を説明しました。次章では、さまざまなタスクの実行を可能にするプラグインを紹介します。

■リスト6　カスタムタスクの例

```javascript
module.exports = function(grunt) {
  // 基本的な構文
  // grunt.registerTask(<タスク名>, [<タスクの説明>,] <タスク内容>)

  // defaultタスクの登録
  grunt.registerTask('default', '"Hello World"と表示', function () {
    grunt.log.writeln('Hello World').ok();
  });
};
```

■リスト7　コマンドの引数の受け取り

```javascript
module.exports = function(grunt) {
  // displayArgvタスクの登録
  grunt.registerTask('displayArgv', '引数を表示', function (argv1, argv2) {
    grunt.log.writeln('argv1: ' + argv1);
    grunt.log.writeln('argv2: ' + argv2);
  });
};
```

■例4　カスタムタスクの実行

```
$ grunt
Running "default" task
Hello World
OK

Done, without errors.
```

■例5　タスクに引数を指定して実行

```
$ grunt displayArgv:foo:bar
Running "displayArgv:foo:bar" (displayArgv) task
argv1: foo
argv2: bar

Done, without errors.
```

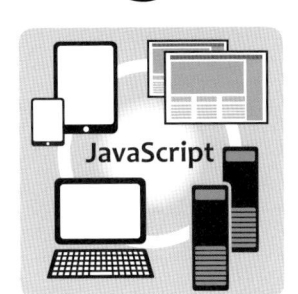

第3章 Gruntプラグインの活用

CoffeeScript／ファイル結合／構文チェック／圧縮

プラグインとはGruntfile.jsで読み込むことでさまざまなタスクを実行できるようにするしくみです。
プラグインは、Gruntが標準で持つものもありますが、主にネット上からダウンロードしてインストールします。

プラグインの検索

プラグインを使うにはまずインストールしなければなりませんが、そのためには先にどのようなプラグインが公開されているかを知る必要があります。

プラグインに関する情報は雑誌やブログなどからも入手できますが、公式サイトでの検索もよく使われています（図1）。

URL http://gruntjs.com/plugins

contribプラグイン

Gruntのプラグインは開発したものを自由に公開できるため、公式サイトから目的に合うプラグインを発見してもそのプラグインの品質が低い場合もあります。

これに関しては、公式サイトの検索結果に★マークが付いているプラグイン（contribから始まる名前が付いているプラグイン）を選ぶことで、Gruntの開発チームがメンテナンスしている信頼性の高いプラグインを選択できます。

Gruntの開発チームがメンテナンスしているcontribプラグインは、基本的なタスクを網羅しているため、現場でよく導入されています。

しかし、contribではないプラグインであっても、

■図1　公式サイトでのプラグインの検索

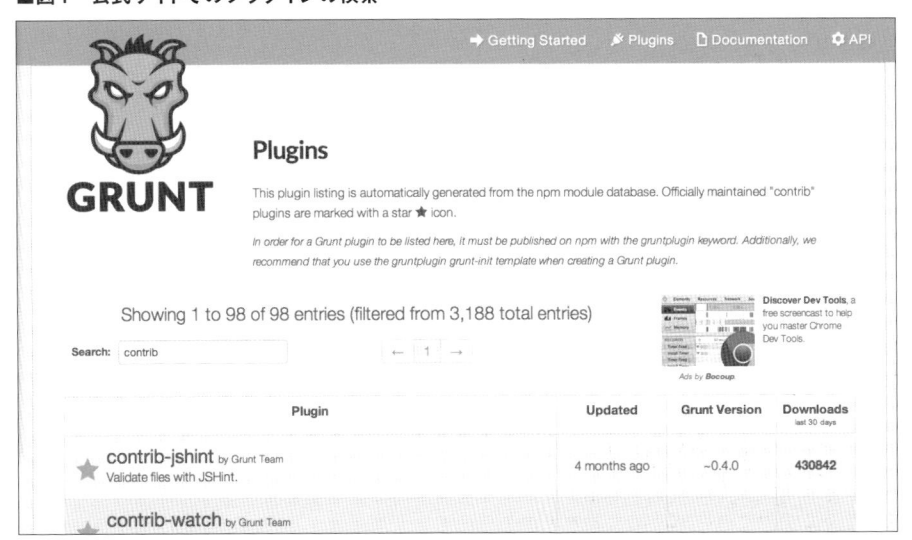

JavaScriptエンジニア養成読本　113

必ずしも信頼性が低いわけではないため、目的に合ったcontribプラグインが存在しないときはcontribではないプラグインも選択してみてください。

ここでは、contribのプリフィックスが付いたGruntプラグインを、それぞれの目的とともにいくつか紹介します。

grunt-contrib-coffee

grunt-contrib-coffeeは、本書でも紹介しているCoffeeScriptのコンパイルを行うプラグインです。

オプションのfilesに指定された情報を基に.coffeeを.jsに変換します。

それではまず基本的な使い方を紹介します(リスト1)。リスト1のように、filesには、1つの.coffeeから1つの.jsを生成するだけでなく、複数の.coffeeから1つの.jsを生成する指定を行うことも可能です。

また、files以外にもoptionsを指定することでさまざまな動作が可能です。

ここからはoptionsで指定できる主な値を紹介します。

詳しくは公式ドキュメントを参照してください。

🔗 https://github.com/gruntjs/grunt-contrib-coffee

bareオプション

CoffeeScriptをコンパイルする際に、全体を無名関数のスコープで囲うか否かを指定します。

初期値はfalseであり、全体を無名関数のスコープで囲います。

基本的にはfalseのままで問題ありませんが、ライブラリを開発する場合や互換性に問題が発生する場合にはtrueを指定してください。

具体的な使用方法はリスト2のとおりです。

sourceMapオプション

CoffeeScriptをコンパイルする際に、デバッグ

■リスト1　grunt-contrib-coffeeの基本的な使い方

```
runt.initConfig({
  coffee:{
    compile: {
      files: {
        // 一対一でのコンパイル
        'path/to/result.js': 'path/to/source.coffee',
        // 複数のファイルを結合してコンパイル
        'path/to/another.js': ['path/to/sources/*.coffee', 'path/to/more/*.coffee']
      }
    }
  }
});
```

■リスト2　bareオプション

```
grunt.initConfig({
  coffee:{
    options: {
      bare: true
    },
    compile: {
      files: {
        // ...
      }
    }
  }
});
```

■リスト3　sourceMapオプション

```
grunt.initConfig({
  coffee:{
    options: {
      sourceMap: true
    },
    compile: {
      files: {
        // ...
      }
    }
  }
});
```

などに使用するSourceMapファイルを出力するかどうかを指定します（リスト3）。

初期値は`false`であり、SourceMapファイルを出力しません。

ChromeやFirefoxなど対応しているブラウザでは、SourceMapファイルを使用することでデバッグツールからコンパイル前のCoffeeScriptのままデバッグを行うことが可能です。

grunt-contrib-concat

grunt-contrib-concatは、ファイルの結合を行うプラグインです。ファイルの肥大化を避けるためにファイル分割を行ったjsファイルをまとめる使い方が一般的です。

基本的な使い方を紹介します（リスト4）。これで、`src`で指定したファイルを結合し、`dest`で指定した先に書き出されます。

それでは、`options`で指定できる主な値を紹介します。

詳しくは公式ドキュメントを参照してください。

URL https://github.com/gruntjs/grunt-contrib-concat

bannerオプション

結合したファイルの先頭に文字列を追加できます。ライセンスコメントやビルドした日時を追加する際によく使われます（リスト5）。

stripBannersオプション

元のソースコードに書いてあるバナーコメントを削除できます。`true`を指定することで、ブロックコメント（`/* ... */`）が削除され、`/*! ... */`のようなコメントだけが残ります。後者はライセ

■リスト4　grunt-contrib-concatの基本的な使い方
```
concat: {
  dist: {
    src: ['src/intro.js', 'src/project.js', 'src/outro.js'],
    dest: 'dist/built.js',
  }
}
```

■リスト5　bannerオプション
```
concat: {
  options: {
    banner: '/*! <%= pkg.name %> - v<%= pkg.version %> - ' +
        '<%= grunt.template.today("yyyy-mm-dd") %> */'
  },
  dist: {
    src: ['src/intro.js', 'src/project.js', 'src/outro.js'],
    dest: 'dist/built.js',
  }
}
```

■リスト6　stripBannersオプション
```
concat: {
  options: {
    stripBanners: true
  },
  dist: {
    src: ['src/intro.js', 'src/project.js', 'src/outro.js'],
    dest: 'dist/built.js',
  }
}
```

ンスコメントのような、消してほしくないコメントとしてよく使われます。細かく制御したい場合は、functionでの制御も可能です（リスト6）。

sourceMapオプション

デバッグを容易にするSourceMapファイルの生成も可能です。trueを指定することで、結合したファイルを同じパスに同じ名前、.mapという拡張子で生成します（リスト7）。

grunt-contrib-jshint

grunt-contrib-jshintは、コードの構文チェックを行うプラグインです。変数の宣言を忘れた、末尾のセミコロンが抜けている、などの細かいミスの発見に役立ちます。

それでは、基本的な使い方を紹介します（リスト8）。これで、allで指定したGruntfile.js、lib以下の.jsファイル、test以下の.jsファイルに対して構文チェックを行えます。

JSHintのオプションとグローバル変数を指定する場合は、リスト9のように書きます。

次に、optionsで指定できる主な値を紹介します。詳しくは公式ドキュメントを参照してください。

🔗 https://github.com/gruntjs/grunt-contrib-jshint

jshintrcオプション

trueを指定すると、jshintにはconfigを反映させずに.jshintrcファイルを探して構文チェックを実行します。ファイル名を指定すると、その中で定義されたオプションとグローバル変数が使用されます（リスト10）。

指定する.jshintrcファイルは、リスト11のようにJSON形式で記述する必要があります。

■リスト7　sourceMapオプション

```
concat: {
  options: {
    sourceMap: true
  },
  dist: {
    src: ['src/intro.js', 'src/project.js', 'src/outro.js'],
    dest: 'dist/built.js',
  }
}
```

■リスト8　grunt-contrib-jshintの基本的な使い方

```
jshint: {
  all: ['Gruntfile.js', 'lib/**/*.js', 'test/**/*.js']
}
```

■リスト9　オプションとグローバル変数の指定

```
jshint: {
  options: {
    curly: true,
    eqeqeq: true,
    eqnull: true,
    browser: true,
    globals: {
      jQuery: true
    },
  },
  uses_defaults: ['dir1/**/*.js', 'dir2/**/*.js'],
  with_overrides: {
    options: {
      curly: false,
      undef: true,
    },
    files: {
      src: ['dir3/**/*.js', 'dir4/**/*.js']
    }
  }
}
```

ignoresオプション

構文チェックを行わないファイルやディレクトリを指定します。.jshintignoreファイルがあっても設定内容を上書きします（リスト12）。

grunt-contrib-uglify

grunt-contrib-uglifyは、コードの圧縮を行うプラグインです。サイトの表示を高速化するためによく使われます。

基本的な使い方はリスト13のとおりです。

リスト13のように`files`で指定した.jsファイルを結合したうえで圧縮し、1つの.jsファイルにすることも可能です。

`options`で指定できる主な値を次に紹介します。詳しくは公式ドキュメントを参照してください。

URL https://github.com/gruntjs/grunt-contrib-uglify

sourceMapオプション

デバッグを容易にするSourceMapファイルの生成が可能です。`true`を指定することで、結合したファイルを同じパスに同じ名前、.mapという拡張子で生成します（リスト14）。

sourceMapNameオプション

生成されたSourceMapファイルの名前や生成先をカスタマイズできます。SourceMapファイルを書き出す場所を文字列で記述します。`function()`を指定した場合は、結合したファイルのパスを引数として受け取り、戻り値がファイル名として使われます（リスト15）。

sourceMapInオプション

たとえばCoffeeScriptのものなど、圧縮する前にあったSourceMapファイルを設定できます。`function()`を指定した場合は、圧縮したソースファイルが引数として渡され、戻り値はSourceMapファイル名として使われます。また、このオプションはソースファイルが1つのときだ

■リスト10 jshintrcオプション

```
jshint: {
  options: {
    jshintrc: true
  },
  files: ['Gruntfile.js', 'lib/**/*.js', 'test/**/*.js']
}
```

■リスト11 .jshintrcファイル

```
{
  "curly": true,
  "eqnull": true,
  "eqeqeq": true,
  "undef": true,
  "globals": {
    "jQuery": true
  }
}
```

■リスト12 ignoresオプション

```
jshint: {
  options: {
    ignores: [tmp/**/*.js]
  },
  files: ['Gruntfile.js', 'lib/**/*.js', 'test/**/*.js']
}
```

■リスト13 grunt-contrib-uglifyの基本的な使い方

```
uglify: {
  my_target: {
    files: {
      'dest/output.min.js': ['src/input1.js', 'src/input2.js']
    }
  }
}
```

け有効となります（リスト16）。

preserveCommentsオプション

圧縮する際に残すコメントを指定できます（リスト17）。`some`と指定することで、`/*! ... */`形式のコメントか、Closure Compiler[注1]の`@preserve`、`@license`、`@cc_on`などのコメントを残せます。他にも、`all`と指定すれば、圧縮または削除されていないコードブロック内のコメントをすべて保持します。`function()`を指定すれば引数としてコメントが渡されるので、コメントを残すか`true`または`false`を返して保持するかどうかを決めることができます。

bannerオプション

圧縮の出力結果の先頭に文字列を追加できます。ライセンスコメントやビルドした日時を追加する際によく使われます（リスト18）。

grunt-contrib-watch

grunt-contrib-watchは、コードの編集を監視し、自動でタスクを実行するプラグインです。監視対象のファイルごとに実行するタスクを設定できます。

基本的な使い方はリスト19のとおりです。これで、`files`で指定した.jsファイルを監視し、編集が保存された際に`jshint`タスクが実行されます。

`options`で指定できる主な値を次に紹介します。詳しくは公式ドキュメントを参照してください。

URL https://github.com/gruntjs/grunt-contrib-watch

interruptオプション

`watch`に指定したタスクが実行された後に同じファイルに変更が発生した場合、待機する時間（ミリ秒）を指定できます（リスト20）。初期値は500ミリ秒です。

注1）Googleが提供する、JavaScriptコードの圧縮、最適化を行うツール。

■リスト14　sourceMapオプション

```
uglify: {
  my_target: {
    options: {
      sourceMap: true,
    },
    files: {
      'dest/output.min.js': ['src/input.js']
    }
  }
}
```

■リスト15　sourceMapNameオプション

```
uglify: {
  my_target: {
    options: {
      sourceMap: true,
      sourceMapName: 'path/to/sourcemap.map'
    },
    files: {
      'dest/output.min.js': ['src/input.js']
    }
  }
}
```

■リスト16　sourceMapInオプション

```
uglify: {
  my_target: {
    options: {
      sourceMapIn: 'path/to/sourcemap.js.map'
    },
    files: {
      'dest/output.min.js': ['src/input.js']
    }
  }
}
```

■リスト17　preserveCommentsオプション

```
uglify: {
  my_target: {
    options: {
      preserveComments: 'some'
    },
    files: {
      'dest/output.min.js': ['src/input.js']
    }
  }
}
```

Gruntプラグインの活用
CoffeeScript／ファイル結合／構文チェック／圧縮

第3章

eventオプション

監視のトリガーを指定できます（リスト21）。変更を監視するchanged、追加を監視するadded、削除を監視するdeleted、以上のすべてを監視するallがあります。初期値はallです。

dateFormatオプション

これはタスクレベルのオプションで、ターゲットごとに変更することはできません。デフォルトでは、タスクが終了した際に次のような形式で表示されます。

```
Completed in 1.301s at Thu Jul 18 2013
14:58:21 GMT-0700 (PDT) - Waiting...
```

このメッセージをfunction()で上書きできます（リスト22）。

atBeginオプション

watchの起動時にタスクを実行するかを指定できます（リスト23）。初期値はfalseです。

livereloadオプション

trueを指定することで、タスクが完了したタイ

■リスト18　bannerオプション
```
uglify: {
  my_target: {
    options: {
      banner: '/*! <%= pkg.name %> - v<%= pkg.version %> - ' +
        '<%= grunt.template.today("yyyy-mm-dd") %> */'
    },
    files: {
      'dest/output.min.js': ['src/input.js']
    }
  }
}
```

■リスト19　grunt-contrib-watchの基本的な使い方
```
watch: {
  scripts: {
    files: ['**/*.js'],
    tasks: ['jshint'],
  },
}
```

■リスト20　interruptオプション
```
watch: {
  scripts: {
    files: ['**/*.js'],
    tasks: ['jshint'],
    options: {
      interrupt: 1000
    }
  },
}
```

■リスト21　eventオプション
```
watch: {
  scripts: {
    files: ['**/*.js'],
    tasks: ['jshint'],
    options: {
      event: 'changed'
    }
  },
}
```

■リスト22　dateFormatオプション
```
watch: {
  options: {
    dateFormat: function(time) {
      grunt.log.writeln('The watch finished in ' + time + 'ms at' + (new Date()).toString());
      grunt.log.writeln('Waiting for more changes...');
    },
  },
  scripts: {
    files: '**/*.js',
    tasks: 'jshint',
  },
}
```

ミングでブラウザの更新を行うことができます[注2]（リスト24）。

HTTPS接続での利用も可能です。これを行うには、キーと証明書のパスを`livereload`オブジェクトに渡します（リスト25）。

まとめ

本章では、CoffeeScriptのコンパイル、ファイルの結合、ソースコードの構文チェック、圧縮を行うためのプラグインの利用方法を説明しました。次章では、これらを踏まえ、ユースケースを想定した実践的な活用方法を紹介します。

注2）ただし、`livereload`に対応した拡張をブラウザにインストールする必要があります。

■リスト23　atBeginオプション

```
watch: {
  options: {
    atBegin: true
  },
  scripts: {
    files: '**/*.js',
    tasks: 'jshint',
  },
}
```

■リスト24　livereloadオプション

```
watch: {
  css: {
    files: '**/*.sass',
    tasks: ['sass'],
    options: {
      livereload: true,
    }
  }
}
```

■リスト25　HTTPS接続での利用

```
watch: {
  css: {
    files: '**/*.sass',
    tasks: ['sass'],
    options: {
      livereload: {
        port: 9000,
        key: grunt.file.read('path/to/ssl.key'),
        cert: grunt.file.read('path/to/ssl.crt')
      }
    },
  },
}
```

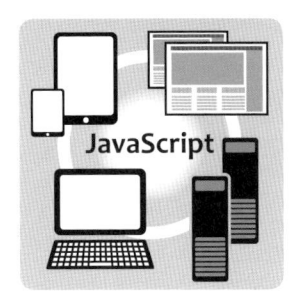

第4章 ケーススタディで学ぶタスクの追加と実行

Gruntfile.jsを書いてみよう

これまでGruntについて説明してきましたが、実際に自分のプロジェクトに導入したくなってきたのではないでしょうか。
本章では、実際のユースケースを想定して、サンプルとなるGruntfile.jsを基に設定方法を紹介します。

ケース1：JavaScript開発でのデプロイ時の構文チェック、結合など

ケース1では、JavaScriptで開発中のプロジェクトに対して、次のタスクを行うGruntfile.jsを紹介します。

①ソースコードの構文チェック
②ソースコードの結合
③ライセンスコメントの挿入
④結合したソースコードの構文チェック
⑤ソースコードの圧縮
⑥SourceMapの追加
⑦ソースコードの変更の監視

ディレクトリ構成

まずは想定するディレクトリ構成を紹介します。
トップディレクトリに「src/js」を設置し、配下に各種JavaScriptファイルを設置します。
次に「dest/js」を設置します。dest以下が配布されるディレクトリになります。配布されるディレクトリなので、jsの他にcssやhtml、imgなどのディレクトリも必要に応じて設置しましょう。
図1のようなディレクトリ構成となっていれば準備完了です。
それではここからGruntを使って開発を便利にするさまざまなタスクを実行できるようにしていきましょう。

package.json

「ではさっそくGruntfile.jsを書いて……」といきたいところですが、まずはGruntを実行したりプラグインを登録したりするためにnpm用のpackage.jsonを作成したいと思います。
まずはpackage.jsonのひな形を作るためにプロジェクトのルートディレクトリで次のコマンドを実行してください。

```
$ npm init
```

途中いくつか質問を受けますが、主に作成したものをnpmパッケージとして公開する場合に使用

■図1　ディレクトリ構成①

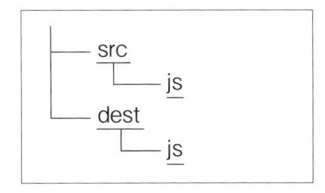

```
├── src
│   └── js
└── dest
    └── js
```

■リスト1　package.json

```
{
  "name": "project",
  "version": "0.0.0",
  "description": "",
  "main": "index.js",
  "scripts": {
    "test": "echo \"Error: no test specified\" && exit 1"
  },
  "author": "",
  "license": "ISC"
}
```

する内容です。今回はGruntを使うためなので、何も入力せずに[Enter]を押していけば問題ありません。

`npm init`が終わると、同じディレクトリにpackage.jsonが生成されます（**リスト1**）。

うまくファイルが生成されたでしょうか。もしうまくファイルが生成されない場合、リスト1の内容を基に手動でファイルを生成しても問題ありません。

ここまでの作業を正しく実行できていれば、**図2**のようなディレクトリ構成になっているはずです。確認してください。

よく使う情報をまとめる

環境が揃ったところで、Gruntfile.jsを書いていきましょう（**リスト2**）。最初に、プロジェクトの名前やバージョン、ディレクトリ名を定数として記述します。これらは非常によく使う情報なので、1ヵ所に記述しておくと管理しやすくなります。ディレクトリ構成を変えたりバージョンを上げたりするような変更に強い実装となります。

この他にも頻出ワードなどが発生した際には、そのつど`grunt`の`initConfig`に追加するくせをつけましょう。変更に強い実装になります。

Gruntfile.jsの追加が終われば環境構築は完了となります。**図3**のようなディレクトリ構成になっていれば大丈夫です。

それではタスクを追加していきましょう。

①ソースコードの構文チェック

JavaScriptの開発は動作確認に少し手間がかかります。実際に動作させるには、コードを編集した後にブラウザを更新しなければなりません。スペルミスや変数の宣言忘れなど、細かいミスをブラウザの更新なしに確認できるのが構文チェックです。

1ヵ所にまとめた情報を利用しつつ、src/jsとdest/jsにあるソースコードの構文チェックを行ってみましょう。

まずは構文チェックに必要なプラグインのインストールを行います。次のコマンドを実行してください。

■**図2 ディレクトリ構成②**

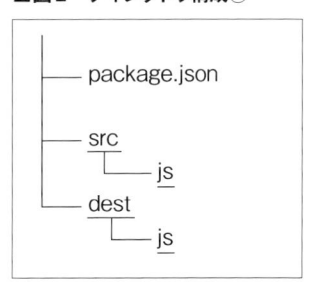

```
├── package.json
├── src
│   └── js
└── dest
    └── js
```

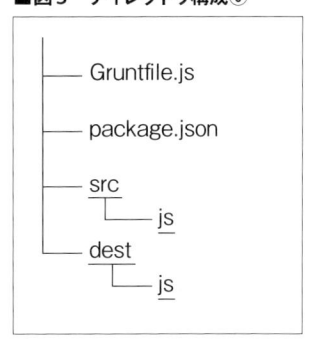

■**リスト2 Gruntfile.js**

```javascript
module.exports = function (grunt) {
  grunt.initConfig({
    pkg: grunt.file.readJSON('package.json'),
    dirs: {
      src: 'src',
      dist: 'dist',
    },
  });
}
```

■**図3 ディレクトリ構成③**

```
├── Gruntfile.js
├── package.json
├── src
│   └── js
└── dest
    └── js
```

■**リスト3 構文チェック**

```javascript
module.exports = function (grunt) {
  grunt.initConfig({
    pkg: grunt.file.readJSON('package.json'),
    dirs: {
      src: 'src',
      dest: 'dest',
    },
    jshint: {
      beforeconcat: ['<%= dirs.src %>/js/*.js'],
      afterconcat: ['<%= dirs.dest %>/js/*.js']
    }
  });

  grunt.loadNpmTasks('grunt-contrib-jshint');
};
```

```
$ npm install --save-dev grunt-contrib-jshint
```

次に、Gruntfile.jsに構文チェック用のタスクを追加します。Gruntfile.jsを**リスト3**のように書き換えてください。

これで構文チェックが可能となります。次のコマンドで実行してみましょう。

```
$ grunt jshint
```

構文チェックは、細かいミスをなくし、メインのロジックに集中するのに非常に効果的です。ぜひ現場に導入してみてください。

②ソースコードの結合

みなさんは1,000行を超えるJavaScriptコードを読んだことがあるでしょうか。行数が多いソースコードは読み解くのに非常に時間がかかり、メンテナンスもたいへんです。ファイルを機能ごとに分け、保守しやすいようにしましょう。

しかし、ファイルを分割するとダウンロードに時間がかかり表示速度に影響が出てしまいます。この問題を解決するため、一般的に「開発中はファイルを分割」「公開時にファイルを結合」する方法が使われています。

src/js内のコードを結合し、dest/js/project.jsとして設置します。

ソースコードの結合に必要なプラグインのインストールを行います。次のコマンドを実行してください。

```
$ npm install --save-dev grunt-contrib-concat
```

次に、Gruntfile.jsにソースコードの結合のタスクを追加します。Gruntfile.jsを**リスト4**のように書き換えてください。

これでソースコードの結合が可能となります。構文チェックと併せて、**例1**のコマンドで実行してみましょう。

③ライセンスコメントの挿入

dest/js配下のディレクトリにあるJavaScriptコードをリリースします。第三者に見られるコードなので、ライセンスコメントを挿入してみましょう。

ライセンスコメントの追加は、ソースコードの結合と同じプラグインを使用するため、プラグインのインストールは不要です。

Gruntfile.jsにライセンスコメントの追加オプションを追記します。Gruntfile.jsを**リスト5**のように書き換えてください。

concatのoptionsにbannerという値を指定しています。ここで指定した値がファイルの結合時に各ファイルの先頭に追加されます。実際に使う場合は、リスト5の「some copyright information here」をライセンス文に変更してください。

実行するコマンドは例1と同じです。grunt concatで②ソースコードの結合と③ライセンスコメントの挿入が行われます。

■リスト4 ソースコードの結合

```
module.exports = function (grunt) {
  grunt.initConfig({
    pkg: grunt.file.readJSON('package.json'),
    dirs: {
      src: 'src',
      dest: 'dest',
    },
    jshint: {
      beforeconcat: ['<%= dirs.src %>/js/*.js'],
      afterconcat: ['<%= dirs.dest %>/js/*.js']
    },
    concat: {
      js: {
        src: ['<%= dirs.src %>/js/*.js'],
        dest: '<%= dirs.dest %>/js/<%= pkg.name %>.js',
      }
    }
  });

  grunt.loadNpmTasks('grunt-contrib-jshint');
  grunt.loadNpmTasks('grunt-contrib-concat');
};
```

■例1 ①、②、④のタスクの実行

```
$ grunt jshint:beforeconcat
$ grunt concat
$ grunt jshint:afterconcat
```

これでdest/js/project.jsの冒頭にライセンスコメントが追加されたことを確認できます。

④結合したソースコードの構文チェック

例1のgrunt jshint:afterconcatで、④結合したソースコードの構文チェックが行われます。

⑤ソースコードの圧縮

ソースコードの容量を削減することで、サイトの表示が高速になります。dest/js配下に設置されたJavaScriptコードをUglify（JavaScriptコードを圧縮するソフト）を用いて圧縮してみましょう。

ソースコードの圧縮に必要なプラグインのインストールを行います。次のコマンドを実行してください。

```
$ npm install --save-dev grunt-contrib-uglify
```

Gruntfile.jsにソースコードを圧縮するタスクを追加します。Gruntfile.jsを**リスト6**のように書き換えてください。

これでソースコードの圧縮が可能です。今までのタスクと合わせて、**例2**のコマンドで実行してみましょう。

⑥SourceMapの追加

圧縮されたコードを用いてデバッグを行うのは非常にたいへんです。そこで、圧縮済みのソースコードから圧縮前のソースコードを展開できるSourceMapを利用します。ChromeやFirefoxなど対応しているブラウザでは、SourceMapファイルを使用することでデバッグツールから圧縮前のソースコードのままでデバッグを行うことが可能です。

それでは、圧縮されたソースにSourceMapを追加してみましょう。SourceMapの追加は、ソースコードの圧縮と同じプラグインを使用するため、プラグインのインストールは不要です。

Gruntfile.jsにSourceMapのオプションを追加します。Gruntfile.jsを**リスト7**のように書き換えてください。

実行するコマンドは例2と同じです。

これでdest/js/project.min.jsと同じ場所に＜書き出しファイル名＞という

■リスト5　ライセンスコメントの挿入

```javascript
module.exports = function (grunt) {
  grunt.initConfig({
    // 省略
    concat: {
      options: {
        banner: '/*! some copyright information here */',
      },
      js: {
        src: ['<%= dirs.src %>/js/*.js'],
        dest: '<%= dirs.dest %>/js/<%= pkg.name %>.js',
      }
    }
  });

  grunt.loadNpmTasks('grunt-contrib-jshint');
  grunt.loadNpmTasks('grunt-contrib-concat');
};
```

■リスト6　ソースコードの圧縮

```javascript
module.exports = function(grunt) {
  grunt.initConfig({
    // 省略
    concat: {
      // 省略
    },
    uglify: {
      options: {
        banner: '/*! some copyright information here */',
      },
      dest: {
        files: {
          '<%= dirs.dest %>/js/<%= pkg.name %>.min.js':
            '<%= dirs.dest %>/js/<%= pkg.name %>.js'
        }
      }
    }
  });

  grunt.loadNpmTasks('grunt-contrib-jshint');
  grunt.loadNpmTasks('grunt-contrib-concat');
  grunt.loadNpmTasks('grunt-contrib-uglify');
};
```

■例2　①〜⑤のタスクの実行

```
$ grunt jshint:beforeconcat
$ grunt concat
$ grunt jshint:afterconcat
$ grunt uglify
```

名前でSourceMapファイルが出力されます。

タスクをまとめる

毎回のようにコマンドを何個も実行するのはたいへんです。コマンドを1つにまとめましょう。

Gruntfile.jsにタスクの追加を行います。Gruntfile.jsをリスト8のように書き換えてください。

これで今後は次のコマンドのみで、これまでのタスクを一度に実行可能となります。

```
$ grunt build
```

⑦ソースコードの変更の監視

コマンドをまとめたことで、1つのコマンドでタスクを一度に実行することが可能となりました。さらに一歩進めて、ファイルを編集するたびに自動でコマンドが実行されるようにしましょう。

ソースコードの変更の監視に必要なプラグインのインストールを行います。

次のコマンドを実行してください。

```
$ npm install --save-dev grunt-↵
contrib-watch
```

次に、Gruntfile.jsにソースコードの変更の監視のタスクを追加します。Gruntfile.jsをリスト9のように書き換えてください。

次のコマンドを実行することで、src/js配下の.jsファイルを編集するたびに、grunt buildタスクが実行されるようになります。

```
$ grunt watch
```

これで、①〜⑦のタスクの環境構築が完了となります。

■リスト7　SourceMapの追加

```
module.exports = function(grunt) {
  grunt.initConfig({
    // 省略
    uglify: {
      options: {
        banner: '/*! some copyright information here */',
        sourceMap: true
      },
      dest: {
        files: {
          '<%= dirs.dest %>/js/<%= pkg.name %>.min.js':
            '<%= dirs.dest %>/js/<%= pkg.name %>.js'
        }
      }
    }
  });

  grunt.loadNpmTasks('grunt-contrib-jshint');
  grunt.loadNpmTasks('grunt-contrib-concat');
  grunt.loadNpmTasks('grunt-contrib-uglify');
};
```

■リスト8　タスクのまとめ

```
module.exports = function(grunt) {
  grunt.initConfig({
    // 省略
  });

  grunt.loadNpmTasks('grunt-contrib-jshint');
  grunt.loadNpmTasks('grunt-contrib-concat');
  grunt.loadNpmTasks('grunt-contrib-uglify');

  grunt.registerTask('build', 'Build JavaScript Files', [
    'jshint:beforeconcat',
    'concat',
    'jshint:afterconcat',
    'uglify'
  ]);
};
```

ケース2：CoffeeScript スクリプトのコンパイル、圧縮

ケース2では、CoffeeScriptで開発中のプロジェクトに対して、次のタスクを行うGruntfile.jsを紹介します。

① CoffeeScriptのコンパイル
② ソースコードの圧縮
③ SourceMapの追加
④ ソースコードの変更の監視

ディレクトリの構成はケース1とほとんど同じですが、src/jsをsrc/coffeeとします（**図4**）。

① CoffeeScriptのコンパイル

まずはCoffeeScriptのコンパイルを行えるようにしましょう。src/coffeeにあるCoffeeScriptコードをまとめてコンパイルし、dest/jsにproject.jsとして配置します。

まずは、CoffeeScriptのコンパイルに必要なプラグインのインストールを行います。次のコマンドを実行してください。

```
$ npm install --save-dev grunt-contrib-coffee
```

Gruntfile.jsにCoffeeScriptのコンパイルのタスクを追加します。Gruntfile.jsを**リスト10**のように書き換えてください。

これでCoffeeScriptのコンパイルが可能となります。次のコマンドで実行してみましょう。

■リスト9　ソースコードの変更の監視

```
module.exports = function(grunt) {
  grunt.initConfig({
    // 省略
    uglify: {
      // 省略
    },
    watch: {
      files: ['<%= dirs.src %>/js/*.js'],
      tasks: ['build'],
    }
  });

  grunt.loadNpmTasks('grunt-contrib-jshint');
  grunt.loadNpmTasks('grunt-contrib-concat');
  grunt.loadNpmTasks('grunt-contrib-uglify');
  grunt.loadNpmTasks('grunt-contrib-watch');

  grunt.registerTask('build', 'Build JavaScript Files', [
    'jshint:beforeconcat',
    'concat',
    'jshint:afterconcat',
    'uglify'
  ]);
};
```

■リスト10　CoffeeScriptのコンパイル

```
module.exports = function(grunt) {
  grunt.initConfig({
    pkg: grunt.file.readJSON('package.json'),
    dirs: {
      src: 'src',
      dest: 'dest',
    },
    coffee: {
      compile: {
        files: {
          '<%= dirs.dest %>/js/<%= pkg.name %>.js':
            '<%= dirs.src %>/coffee/*.coffee'
        }
      }
    }
  });

  grunt.loadNpmTasks('grunt-contrib-coffee');
};
```

■図4　ディレクトリ構成

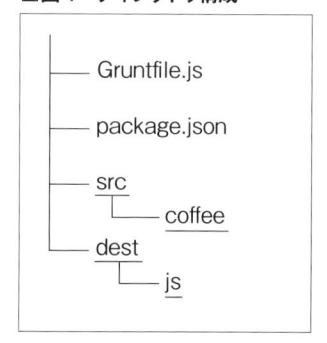

```
├── Gruntfile.js
├── package.json
├── src
│   └── coffee
└── dest
    └── js
```

```
$ grunt coffee
```

②ソースコードの圧縮

次に、コンパイルで生成された.jsファイルを圧縮します。ケース1と同様に、サイトの表示の高速化につながります。

ソースコードの圧縮に必要なプラグインのインストールを行います。次のコマンドを実行してください。

```
$ npm install --save-dev grunt-contrib-uglify
```

次に、Gruntfile.jsにソースコードの圧縮のタスクを追加します。Gruntfile.jsをリスト11のように書き換えてください。

これでソースコードの圧縮が可能となります。CoffeeScriptのコンパイルと併せて例3のコマンドで実行してみましょう。

③SourceMapの追加

圧縮されたコードから、CoffeeScriptを想像してデバッグを行うのは困難です。そこで、圧縮済みのソースコードからコンパイル前のCoffeeScriptを展開できるSourceMapを利用します。ChromeやFirefoxなど対応しているブラウザでは、SourceMapファイルを使用することでデバッグツールから圧縮前のソースコードのままでデバッグを行うことが可能です。

SourceMapの追加は、ソースコードの圧縮と同じプラグインを使用するた

■リスト11　ソースコードの圧縮

```
module.exports = function(grunt) {
  grunt.initConfig({
    // 省略
    coffee: {
      // 省略
    },
    uglify: {
      options: {
        banner: '/*! some copyright information here */',
      },
      dest: {
        files: {
          '<%= dirs.dest %>/js/<%= pkg.name %>.min.js':
            '<%= dirs.dest %>/js/<%= pkg.name %>.js'
        }
      }
    }
  });

  grunt.loadNpmTasks('grunt-contrib-coffee');
  grunt.loadNpmTasks('grunt-contrib-uglify');
};
```

■例3　①と②のタスクの実行

```
$ grunt coffee
$ grunt uglify
```

■リスト12　SourceMapの追加

```
module.exports = function(grunt) {
  grunt.initConfig({
    // 省略
    uglify: {
      options: {
        banner: '/*! some copyright information here */',
        sourceMapIn: '<%= dirs.dest %>/js/<%= pkg.name %>.js.map'
      },
      dest: {
        files: {
          '<%= dirs.dest %>/js/<%= pkg.name %>.min.js':
            '<%= dirs.dest %>/js/<%= pkg.name %>.js'
        }
      }
    }
  });

  grunt.loadNpmTasks('grunt-contrib-coffee');
  grunt.loadNpmTasks('grunt-contrib-uglify');
};
```

め、プラグインのインストールは不要です。

次に、Gruntfile.jsにSourceMapのオプションを追加します。Gruntfile.jsを**リスト12**のように書き換えてください。

実行するコマンドは例3と同じです。

タスクをまとめる

これまでのタスクを1つのコマンドにまとめましょう。

Gruntfile.jsにタスクの追加を行います。Gruntfile.jsを**リスト13**のように書き換えてください。

これで次のコマンドでタスクを一度に実行できます。

```
$ grunt build
```

■リスト13　タスクのまとめ

```
module.exports = function(grunt) {
  grunt.initConfig({
    // 省略
  });

  grunt.loadNpmTasks('grunt-contrib-coffee');
  grunt.loadNpmTasks('grunt-contrib-uglify');
  grunt.registerTask('build', 'Build CoffeeScript Files', [
    'coffee',
    'uglify',
  ]);
};
```

■リスト14　ソースコードの変更の監視

```
module.exports = function(grunt) {
  grunt.initConfig({
    // 省略
    uglify: {
      // 省略
    },
    watch : {
      files: ['<%= dirs.src %>/js/*.js'],
      tasks: ['build'],
    }
  });

  grunt.loadNpmTasks('grunt-contrib-coffee');
  grunt.loadNpmTasks('grunt-contrib-uglify');
  grunt.registerTask('build', 'Build CoffeeScript Files', [
    'coffee',
    'uglify',
  ]);
};
```

④ソースコードの変更の監視

最後に、ソースコードの編集を監視し、自動でビルドを行うようにwatchタスクを追加します。

ソースコードの変更の監視に必要なプラグインのインストールを行います。

次のコマンドを実行してください。

```
$ npm install --save-dev grunt-contrib-watch
```

次に、Gruntfile.jsにソースコードの変更の監視のタスクを追加します。Gruntfile.jsを**リスト14**のように書き換えてください。

これで、src/coffeeディレクトリにあるCoffeeScriptコードを編集すると、自動でビルドを行える**watch**コマンドが有効となります。

```
$ grunt watch
```

これで、①～④のタスクの環境構築が完了となります。

まとめ

本章では、2つのユースケースでGruntfile.jsを作成する方法を説明しました。これらのGruntfile.jsを基に、プロジェクトに合わせた構成を考え、導入してみてください。

Appendixとして、Grunt以外のタスクランナーであるgulp.jsを紹介します。

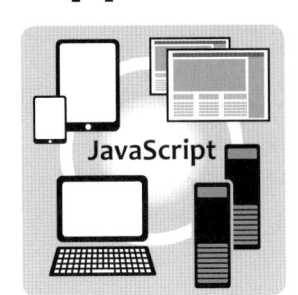

Appendix 注目のタスクランナー gulp.js

新生、gulp.jsを選ぶべき場面

最後に、Grunt以外のタスクランナーとして注目を集めているgulp.jsを紹介します。

gulp.jsとは

現在Grunt以外のタスクランナーとして、2014年に入ってからgulp.jsの人気が高くなってきています（図1）。

🔗 https://gulpjs.com/

gulp.jsは2013年7月に開発が開始されたビルドツールで、これまでGruntの問題点であった「多くのタスクを定義すると設定ファイルが長くなり複雑になる」「タスクを並列で処理できないため、多くのタスクを実行する場合に高速化が困難」といった点を解消するために開発されました。

gulp.jsもGruntと同じタスクランナーであるため、実際に実行できることはそれほど変わりません。しかし、同じ処理であればGruntよりうまくできることが多いため、ユーザが増えています。

Appendixでは、これまでに紹介したGruntのタスクと同じ処理をgulp.jsで実行できるようにし、Gruntとgulp.jsで設定ファイルの書き方がどう変わるかを紹介します。

gulp.jsの使い方

gulp.jsの使い方も、Gruntとは大きく変わりません。npmコマンドでインストールした後、プラ

■図1　gulp.jsの公式サイト

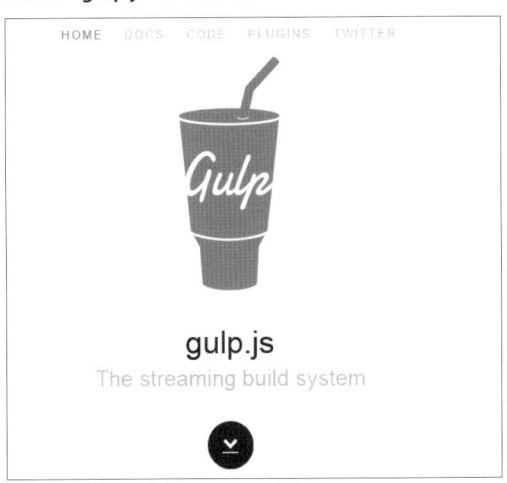

■リスト1　gulpfile.js

```javascript
var gulp = require('gulp');
var coffee = require('gulp-coffee');
var uglify = require('gulp-uglify');
var watch = require('gulp-watch');
var dirs = {
  src: 'src',
  dest: 'dest',
};

gulp.task('coffee', function() {
  gulp.src(dirs.src + '/coffee/*.coffee')
    .pipe(coffee())
    .pipe(gulp.dest(dirs.dest))
});

gulp.task('uglify', function() {
  return gulp.src(dirs.dest)
    .pipe(uglify())
    .pipe(gulp.dest(dirs.dest));
});

gulp.task('build', ['coffee', 'uglify']);
gulp.task('watch', function() {
  gulp.watch(dirs.src, ['build']);
});
```

グインをインストールして使用します。

まず、`gulp`コマンドをインストールします。

```
$ npm install -g gulp
```

次にgulp.jsで使用するプラグインをインストールします。

今回はGruntと同じタスクを定義するため、CoffeeScriptのコンパイル、ソースコードの圧縮、ファイルの変更の監視を行うプラグインをインストールします。

```
$ npm install gulp-coffee gulp-uglify gulp-watch --save-dev
```

これでgulp.jsを使用する準備が整いました。

gulpfile.jsの作成

gulp.jsでは、**gulpfile.js**にタスクを記述します。gulpfile.jsは、GruntのGruntfile.jsに相当します。

リスト1に、CoffeeScriptのコンパイル、ソースコードの圧縮、ファイルの変更の監視を行うタスクを記述したgulpfile.jsを示します。

いかがでしょうか。比較のために同じタスクを定義したGruntfile.jsも紹介します（リスト2）。

ぱっと見て、gulpfile.jsのほうが「インデントが少ない」「行数が短い」ことがわかるでしょう。また、Gruntfile.jsでは`config Object`とタスクの記述が離れているのに対し、gulp.jsではタスク内に処理内容を記述しているため、タスクの内容を理解しやすいかと思います。

■リスト2　Gruntfile.js

```
module.exports = function(grunt) {
  grunt.initConfig({
    pkg: grunt.file.readJSON('package.json'),
    dirs: {
      src: 'src',
      dest: 'dest',
    },
    coffee: {
      compile: {
        files: {
          '<%= dirs.dest %>/js/<%= pkg.name %>.js': '<%= dirs.src %>/coffee/*.coffee'
        }
      }
    },
    uglify: {
      options: {
        banner: '/*! some copyright information here */',
      },
      dest: {
        files: {
          '<%= dirs.dest %>/js/<%= pkg.name %>.min.js': '<%= dirs.dest %>/js/<%= pkg.name %>.js'
        }
      }
    },
    watch : {
      files: ['<%= dirs.src %>/js/*.js'],
      tasks: ['build'],
    }
  });

  grunt.loadNpmTasks('grunt-contrib-coffee');
  grunt.loadNpmTasks('grunt-contrib-uglify');
  grunt.registerTask('build', 'Build CoffeeScript Files', [
    'coffee',
    'uglify',
  ]);
};
```

gulp.jsに移行すべきか

シンプルに直感的で書けて盛り上がりを見せているgulp.jsですが、次のようなデメリットもあります。

- プラグインがGruntに比べて少ない（gulp.jsからGruntのプラグインを呼び出せるが、低速かつ複雑になり利点が消える）
- 体感できるほど速くない
- 作業中に詰まったときに検索しても、まだ情報があまりない

また、gulp.jsのプラグイン自体も歴史は浅いため、作りが荒いことが多々あります。gulp.js本体と同様に、プラグインに関するトラブルシューティングもまた、検索してヒットすることは稀です。解決するにはプラグインの実装を読まないといけません。

以上のことから、

- 存在しないプラグインがない場合は自分でプラグインを書ける人
- 作業中に詰まった際に自力で解決できる人
- プラグインの実装を読める人

が複数いる現場にとってはメリットを享受しやすいですが、そうでない場合はGruntを使うほうがよいと思います。

本書は、すべて書き下ろし記事で構成しています。

表紙イメージはJavaScriptの定番書籍で有名なサイのモチーフを使わせていただきました。使用に際しては、株式会社オライリー・ジャパン様に確認させていただいております。

装丁・目次デザイン	トップスタジオデザイン室(轟木 亜紀子)
本文デザイン・DTP	朝日メディアインターナショナル㈱
編集協力	坂井 直美
担当	細谷 謙吾

■お問い合わせについて

本書に関するご質問は記載内容についてのみとさせていただきます。本書の内容以外のご質問には一切応じられませんので、あらかじめご了承ください。
なお、お電話でのご質問は受け付けておりませんので、書面またはFAX、弊社Webサイトのお問い合わせフォームをご利用ください。

〒162-0846　東京都新宿区市谷左内町21-13
株式会社技術評論社
『JavaScriptエンジニア養成読本』係
FAX　03-3513-6173
URL　http://gihyo.jp

ご質問の際に記載いただいた個人情報は回答以外の目的に使用することはありません。使用後は速やかに個人情報を廃棄します。

Software Design plus シリーズ
JavaScript エンジニア養成読本
[Webアプリ開発の定番構成Backbone.js＋CoffeeScript＋Gruntを1冊で習得！]

2014年11月20日　初版　第1刷　発行

著　者	吾郷 協、山田 順久、竹馬 光太郎、和智 大二郎
発行者	片岡 巌
発行所	株式会社技術評論社
	東京都新宿区市谷左内町21-13
	電話　03-3513-6150　販売促進部
	03-3513-6170　雑誌編集部
印刷／製本	昭和情報プロセス株式会社

定価はカバーに表示してあります。

本書の一部または全部を著作権法の定める範囲を超え、無断で複写、複製、転載、あるいはファイルに落とすことを禁じます。

©2014　吾郷 協、山田 順久、竹馬 光太郎、和智 大二郎

造本には細心の注意を払っておりますが、万一、乱丁(ページの乱れ)や落丁(ページの抜け)がございましたら、小社販売促進部までお送りください。送料小社負担にてお取り替えいたします。

ISBN 978-4-7741-6797-8 C3055
Printed in Japan